水生态建设与水环境治理保护研究

唐承佳　杨萍　著

中国纺织出版社有限公司

内 容 提 要

随着我国城市化进程加快，经济飞速发展，水环境问题日益凸显，河流、湖泊和地下水被污染，水生态文明建设困难重重。目前，我国水环境质量总体改善，但水生态环境保护不平衡不协调的问题依然突出，水环境风险不容忽视，因此，有必要继续深入研究水环境保护和水生态文明建设的相关理论与实践。

本书围绕水生态文明建设和水环境保护展开了多方面的讨论，适合生态学、水文学、环境科学、资源科学等专业的研究人士阅读，也可供我国环保部门的工作人员参考。

图书在版编目（CIP）数据

水生态建设与水环境治理保护研究 / 唐承佳，杨萍著. --北京：中国纺织出版社有限公司，2024. 3
ISBN 978-7-5229-1573-9

Ⅰ. ①水… Ⅱ. ①唐… ②杨… Ⅲ. ①水环境－生态环境建设－研究－中国②水环境－综合治理－研究－中国 Ⅳ. ①X143

中国国家版本馆 CIP 数据核字（2024）第 063408 号

责任编辑：张 宏　　责任校对：高 涵　　责任印制：储志伟

中国纺织出版社有限公司出版发行
地址：北京市朝阳区百子湾东里 A407 号楼　邮政编码：100124
销售电话：010—67004422　传真：010—87155801
http://www.c-textilep.com
中国纺织出版社天猫旗舰店
官方微博 http://weibo.com/2119887771
三河市宏盛印务有限公司印刷　各地新华书店经销
2024 年 3 月第 1 版第 1 次印刷
开本：787×1092　1/16　印张：13.5
字数：245 千字　定价：98.00 元

Preface 前言

水环境的质量保证与控制是一项基础性工作，涉及点多面广，对象复杂多变，随机特征明显，具有很强的时空特性，很容易受到人类活动及周边环境影响。在水环境治理过程中，各个环节相互独立，又相互联系与制约，众多因素之间相互作用，共同影响水环境质量。在世界范围内来说，水生态环境保护是一个重要且永恒的主题，也是各个国家目前急需解决的问题。有效保护水生态环境，需要根据环境监测数据和信息对环境污染的成因进行分析，据此制定治理措施，从而有效保护生态环境。

本书着眼于水生态建设与水环境治理保护方面，主要针对水生态系统的特点，系统论述了水生态文明建设概述与水生态系统保护、水生态文明建设的理论体系、水生态监测调查与评价、水生态系统评估、水环境水资源概况、水体污染与水体自净、污染湖泊水库水环境修复工程、污染河流水环境修复工程、污染地下水环境修复工程、水环境水资源保护、水资源开发利用工程等，提出了保护生态环境，应该对环境状况进行充分了解，以便制定针对性的保护措施，从而有效保护生态环境。本书对水环境治理与生态保护相关领域的知识进行了仔细的梳理和分析，希望本书可以为从事相关行业的读者提供一些有益的参考和借鉴。

本书在创作过程中参考了相关领域的诸多著作、论文、教材等，引用了国内外部分文献和相关资料，在此一并对作者表示诚挚的谢意和致敬。由于水生态建设与水环境治理保护等工作涉及的范畴比较广，需要探索的层面比较深，在撰写的过程中难免会存在一定的不足和局限性，恳请前辈、同行以及广大读者斧正。

著　者

2023 年 8 月

Contents 目录

▶第一章

水生态文明建设及系统保护

第一节　水生态文明建设概述

一、水生态文明的科学内涵

生态文明以尊重和维护生态环境为主旨，以可持续发展为根据，强调人与自然环境的相互依存、相互促进、和谐共存，强调人类应该尊重和保护环境。水生态文明建设作为水利部贯彻落实生态文明理念的一项重要举措，是生态文明的重要部分和基础内容，生态文明是水生态文明的根本保证和发展要求。在生态文明的基础上，结合马克思主义生态观科学内涵，提炼出水生态文明的科学内涵。

（一）生态文明观

从人与自然和谐的角度，生态文明的科学内涵是人类为保护和建设美好生态环境而取得的物质成果、精神成果和制度成果的总和，是贯穿于经济建设、政治建设、文化建设、社会建设全过程和各方面的系统工程，反映了一个社会的文明进步状态。生态文明是现代人类文明的重要组成部分，是物质文明、政治文明、精神文明、社会文明的重要基础和前提。没有良好和安全的生态环境，其他文明就会失去载体。党的十八届五中全会首次提出了“创新、协调、绿色、开放、共享”的新发展理念，从生态文明建设上升到绿色发展理念，“绿水青山就是金山银山”是灵魂主线和核心思想。坚持走以生态经济为基础的绿色发展道路，科学处理经济社会发展和生态环境承受能力的关系；在价值目标领域，实现绿色惠民和绿色强国，建设有中国特色的社会主义生态文明。

（二）水生态文明建设的内涵

关于水生态文明的概念，许多学者都有相关论述，但是并没有统一的定义。目前关于水生态文明的概念主要有总和、状态、形态和发展四类，这里认为水生态文明概念是人水相依、和谐共生、良性循环、全面发展、持续繁荣的文明形态，其科学内涵包括以下几个方面：

1. 水生态文明建设的核心是“和谐”

水生态文明理念提倡的是人与自然和谐相处的文明，坚持以人为本、全面、协调、可持续的科学发展观，解决由于人口增加和经济社会高速发展出现的洪涝灾害、干旱缺水、水土流失和水污染等水问题，使人和水的关系达到和谐的状态，使宝贵有限的水资源为经济社会可持续发展提供久远的支撑。

2. 水生态文明建设的关键是加强水资源管理

中国水资源丰富，但分布不均。随着气候条件的变化和物质生活的影响，水资源的发展面临着十分严峻的形势。水资源的短缺一直是制约国家社会和经济可持续发展的一个重要瓶颈。《国家节水行动方案》是解决我国水资源短缺和供需矛盾的有效手段和措施，从对水资源的管理与对水资源配置的合理和协调利用的平衡机制的角度出发，调整保护合理利用水资源和优化利用水资源的模式，减少了人类对水生态系统的不合理利用和干预。此方案对保持良好的自然水环境等多个方面的问题进行了深入探讨，使我国水生态文明的建设和中国特色社会主义经济实现可持续有序健康发展。

3. 水生态文明建设的重中之重是水资源节约

解决水问题、建设水生态文明，必须坚持以习近平新时代中国特色社会主义思想为指导，全面贯彻党的精神，积极践行“节水优先、空间均衡、系统治理、两手发力”的治水方针，准确把握当前水利改革发展所处的历史方位，清醒认识我国治水的主要矛盾转变为人民群众对水资源水生态水环境的需求与水利行业监管能力不足的矛盾，按照“水利工程补短板、水利行业强监管”的水利工作总基调，加快转变治水思路和方式，把坚持节水优先、强化水资源管理贯穿于治水的全过程，融入经济社会发展和生态文明建设的各方面，不断提高国家水安全保障能力，以水资源的可持续利用促进经济社会可持续发展，为建设美丽中国、实现“两个一百年”奋斗目标奠定坚实基础。

4. 水生态文明建设的直接目标是水生态保护

建设生态文明的直接目标是保护好人类赖以生存的生态与环境，因此，大力开展水生态保护工作是建设水生态文明的重要组成部分。落实最严格的水资源管理制度，推进水生态系统保护与修复，使生态脆弱河流和地区水生态得到有效修复，加强水利建设中的生态保护，使工程建设与生态系统保护和谐发展。

5. 水生态文明建设的发展理念是以人为本、生态优先、统筹兼顾

建设水生态文明，就是要按照以人为本、生态优先、统筹兼顾的发展理念，改变单一的防洪、供水和发展生态的传统思维模式，坚持人本理念、着眼人水和谐、实行统筹治水，从水资源开发利用为主向开发保护并重转变，从局部水生态治理向全面建设水生态文明转变。观念引导行动，若全社会都树立了良好的水生态文明观，则会引导大家都采取有利于水生态文明建设的行动，由此水生态文明建设也会顺利推进。

二、水生态文明建设的重要意义

（一）水生态文明建设是人水和谐的根本要求

水是人类生存的基本物质，拥有了水才拥有生命，拥有人类生存的可能性。人类过去依赖水而生存，今天和未来仍然离不开水。但是现在人类赖以生存的水环境和水资源状况面临着前所未有的危机，水资源短缺、水环境污染、过度利用水资源、洪涝灾害等都严重困扰着人类的生存发展，全球都面临着水安全形势恶化的问题，我们人类的生存家园正面临着严峻的水危机挑战。

人类面临着的水困境，都表明我们的社会背离了人水友好的准则，因此要从根本上解决人类面临的环境问题，只能从人类社会内部去解决。首先要解决人类自身的问题，这要求人类有善待自然的意识、价值取向、行为、能力与制度。实现人水和谐，要求我们必须实行可持续的经济发展方式，建设节水型社会，实现水资源的永续利用。协调经济社会发展和水资源禀赋之间的关系，引导各地按照水环境承载力因地制宜地发展，一方面可以满足经济社会合理发展的需求，另一方面也可以满足水清河畅、湖美海晏的基本要求。只有解决了这些问题，才能从根本上保障人与自然之间的平衡。水生态文明不仅是区域生态文明的重要组成部分，更是践行生态文明、建设美丽中国的重要补充。

（二）水生态文明建设是实现“两个一百年”奋斗目标和中华民族伟大复兴的中国梦的重要保障

以习近平同志为核心的党中央站在坚持和发展中国特色社会主义、实现中华民族伟大复兴的战略高度，提出了一系列生态文明建设的新理念、新战略、新举措，其中水生态文明建设不仅是生态文明建设的先决条件，也是建设社会主义现代化强国的重要保障。

2020 年 7 月 13 日，在防汛抗旱和重大水利工程建设国务院政策例行吹风会，国家发展改革委副秘书长在回答记者提问时介绍，150 项重大水利工程是立足于两个一百年奋斗目标，根据我们国家人多水少、水资源分布不均的基本水情，围绕补齐重大水利设施短板和保障国家水安全的要求提出的，是 2020 年及后续推进重大水利工程论证和建设的一个重点。在这 150 项重大水利工程中，新增了两个大的类型，一是水生态保护修复工程，二是智慧水利工程，主要目的是深入贯彻习近平生态文明思想，加强对重要河湖水系的生态保护和修复治理，推进水生态文明建设。

第二节　水生态系统保护与修复理论

一、生态需水

（一）生态需水概念

生态需水是指为了维持流域生态系统的良性循环，人们在开发流域水资源时必须为生态系统的发展与平衡保证其所需的水量。生态需水是与流域工业、农业、城市生活需水相并列的一个用水单元。生态需水概念的提出体现了一种新的流域环境管理的思维模式，它重视生态环境和水资源之间的内在关系，强调水资源、生态系统和人类社会的相互协调，放弃了传统的以人类需求为中心的流域管理观念。

传统的流域环境管理在水资源分配方案中常常将水资源使用权优先赋予了农业、居民生活和工业，而生态用水通常被忽略或被排挤。

（二）生态需水量

生态需水量是指一个特定区域内的生态系统的需水量，并不单单是指生物体的需水量或者耗水量。广义的生态需水量是指维持全球生物地理生态系统水分平衡所需的用水量，包括水热平衡、水沙平衡、水盐平衡等；狭义的生态需水量是指为维护生态环境不再恶化并逐渐改善所需要消耗的水资源总量。

1. 研究现状

生态环境需水正逐渐成为水资源及相关领域的研究热点，研究涉及河流、湖泊、湿地等多种生态系统类型，由于人类活动对河流需水的影响最为直接，因此在河流方面的研究开始相对较早，也最为活跃。河道生态需水量的研究大致可以分为 3 个阶段。

(1)20 世纪 60 年代之前属于河道生态需水理论的萌芽阶段，主要针对满足河流的航运功能进行研究，缺乏成熟的理论和方法。

(2)20 世纪 70 年代至 80 年代末期，此阶段河道生态需水及其相关概念得到人们的普遍认同，开始从不同角度对其进行系统研究。最初根据水文历史资料进行河流流量分析，提出了一些基于水文学分析的方法，如 Tennant 法，后来水利学家根据河道断面参数判断河流所需流量，形成了基于水力学分析的方法，如科罗拉多州水利局专家提出的 R2-CROSS 法。

(3)20 世纪 90 年代之后，随着河流连续统筹思想的提出，河道生态需水理论开始完善，原有的研究方法不断得到改进，同时出现了一些新的研究方法，其中最为突出的是南非 BBM 法和澳大利亚的整体研究法，特点是注重对河流生态系统整体的考虑。此外，还出现了一些其他方法，如从流量与生物的直接关系入手进行研究的方法，从满足河流稀释、自净环境功能出发的研究方法。

2. 简介

生态需水量是一个工程学的概念，它的含义重在生物体所在环境的整体需水量(当然包含生物体自身的消耗水量)。它不仅与生态区的生物群体结构有关，还与生态区的气候、土壤、地质、水文条件及水质等关系更为密切。因而，“生态需(用)水量”与“生态环境需(用)水量”的含义及其计算方法应当是一致的。计算生态需(用)水量，实质上就是要计算维持生态保护区生物群落稳定和可再生维持的栖息地的环境需水量，也即“生态环境需水量”，而不是指生物群落机体的“耗水量”。对于水生生态系统生态需水量的确定，不能只考虑所需水量的多少，还应考虑在此水量下水质的好与坏。生态需水量的确定，首先，要满足水生生态系统对水量的需要；其次，在此水量的基础上，要使水质能保证水生生态系统处于健康状态。生态需水量是一个临界值，当现实水生生态系统的水量、水质处于这一临界值时，生态系统维持现状，生态系统基本稳定健康；当水量大于这一临界值，且水质高于这一临界值时，生态系统则向更稳定的方向演替，处于良性循环的状态；反之，低于这一临界值时，水生生态系统将走向衰败干涸，甚至导致沙漠化。

3. 内容

生态需(用)水量包括以下几个方面：

(1)保护水生生物栖息地的生态需水量。河流中的各类生物，特别是稀有物种和濒危物种是河流中的珍贵资源，保护这些水生生物健康栖息条件的生态需水量是至关重要的。需要根据代表性鱼类或水生植物的水量要求，确定一个上包线，设定不同时期不同河段的生态环境需水量。

(2)维持水体自净能力的需水量。河流水质被污染，将使河流的生态环境功能受到直接的破坏。因此，河道内必须留有一定的水量，以维持水体的自净功能。

(3)水面蒸发的生态需水量。当水面蒸发量高于降水量时，为维持河流系统的正常生态功能，必须从河道水面系统以外的水体进行弥补。根据水面面积、降水量、水面蒸发量，可求得相应各月的蒸发生态需水量。

(4)维持河流水沙平衡的需水量。对于多泥沙河流，为了输沙排沙，维持冲刷与侵蚀的动态平衡，需要一定的水量与之匹配。在一定输沙总量的要求下，输沙水量取决于水流含沙量的大小，对于北方河流系统而言，汛期的输沙量约占全年输沙总量的 80% 以上。因此，可忽略非汛期较小的输沙水量。

(5)维持河流水盐平衡的生态需水量。对于沿海地区河流，一方面由于枯水期海水透过海堤渗入地下水层，或者海水从河口沿河道上溯深入陆地；另一方面地表径流汇集了农田来水，使得河流中盐分浓度较高，可能满足不了灌溉用水的水质要求，甚至影响到水生生物的生存。因此，必须通过水资源的合理配置补充一定的淡水资源，以保证河流中具有一定的基流量或水体来维持水盐平衡。

综上所述，无论是正常年份径流量还是枯水年份径流量，都要确保生态需水量。为了满足这种要求，需要统筹灌溉用水、城市用水和生态用水，确保河流的最低流量，用以满足生态的需求。在满足生态需水量的前提下，可就当地剩余的水资源(地表水、地下水的总和中除去生态需水量的部分)对农业、工业和城镇生活用水进行合理的分配。同时，按已规定的生态需水水质标准，限制排污总量和排污的水质标准。

4. 研究步骤

(1)生态系统现状及修复目标分析。这是生态需水研究的基础和关键。生态系统是一个复杂的系统，它包括生物及其周围的环境，由于基础数据、相关理论支持等方面的限制因素，需要通过分析生态系统的现状，找出主要的生态问题，确定生态系统修复的目标和重点，为生态需水研究工作指明方向。

(2)生态系统关键生态因子的选择。表征生态系统状况的因子很多，如存在珍贵动物的河流，就以该珍贵动物的数量作为生态系统状况的关键生态因子。为了便于后期计算，该因子除了要能够反映生态系统的主要生态问题，还要能够以定量描述，与水建立数量关系。

(3)生态需水关键因子的选择。生态需水的关键因子主要分为水质和水量两类，表征水量的因子有流速、流量、水文周期等；表征水质的因子有 pH 值、COD、BOD_5、NH_3、重金属浓度等。在研究中不可能涉及所有的生态的因子，只能根据对生态系统主要生态问题影响程度的大小，选择生态需水的关键因子。

(4)生态需水量计算。建立生态因子和蓄水因子之间的定量关系。关键生态因子和生态需水关键因子都是从众多的因素中选择的最具代表性的因素，其他非关键的因子对于生态因子和需水因子之间的关系有重要的影响，这里称为背景参数，如河流的纵向形状、河床材料、横断面形状、地下水的水位等，选择背景参数作为计算的条件，分析生态因子和需水因子之间的定量关系。

二、滨水景观

(一)景观概述

1. 特征

滨水一般指在城市中同海、湖、江、河等水域濒临的陆地建设而成的，具有较强观赏性和使用功能的一种城市公共绿地的边缘地带。水域孕育了城市和城市文化，成为城市发展的重要因素。

2. 地理

人类对景观的感受并非是每个景观片断的简单的叠加，而是景观在时空多维交叉状态下的连续展现。滨水空间的线性特征和边界特征，使其成为形成城市景观特色最重要的地段，滨水边界的连续性和可观性十分关键，令人过目不忘。滨水区景观设计的目标，一方面要通过内部的组织，达到空间的通透性，保证与水域联系的良好的视觉走廊；另一方面，滨水区为展示城市群体景观提供了广阔的水域视野，这也是一般城市标志性、门户性景观可能形成的最佳地段。

3. 格局

以深圳大梅沙海滨公园为例，公园依据山·城·海的总体格局，考虑到山与海的结合和背山面海的自然景观条件，将山景引到海边，将海景伸入山体，运用大尺度、大手笔的线形构图和丰富自由的空间处理，形成与海岸平衡的系列观景场地，充分体现了自然与人文的交融，力求人工构筑物与起伏的山峦、宽阔的沙滩、一望无际的大海在气势上相呼应，形成由山向海渐次过渡的景观层次，从而达到山、海、城的有机统一，并向人们展示了大梅沙片区向海滨旅游城区发展的美好前景。

（二）景物设计

现代设计的观念要求把建筑、环境和社会结合在一起，当作一个有机整体去设计。综合设计方法是建立在对当地历史文化、社会和环境形态的分析之上，提出模式来进行的。滨水空间环境是一系列有关的多种元素和人的关系的综合，它具有一定的秩序、模式和结构，影响和促进人与外界世界及形态要素之间的联系作用，使处于其中的人们产生认同感，把握并感知自身生存状况，进而在心理上获得一种精神归宿。作为人的行为场所，滨水空间环境并不是设计者的积木游戏。设计者要有意识地组织一个整体秩序，使各部分有序地为人所感知。

以南海中轴线景观规划设计为例，在景观设计中，充分考虑建筑和道路、绿化、水面等环境因素，形成各种空间序列，相互汇合、渗透、转换、交叉，有机地结合在一起，构成以人的景观感知为中心的体验空间序列。以千灯湖为中心，将市民广场、湖畔咖啡屋、掩体商业建筑、水上茶坊、21 世纪岛湾、花迷宫、历史观测台、雾谷、凤凰广场等多种活动空间有机组合起来，创造多样性的活动空间，培育新的市民文化，为市民提供舒适、方便、安全、充满“水”和“绿”自然要素的城市外部空间和生活舞台。

滨水空间是城市中重要的景观要素，是人类向往的居住胜景。水的亲和与城市中人工建筑的硬实形成了鲜明的对比。水的动感、平滑又能令人兴奋和平和，水是人与自然之间情结的纽带，是城市中富于生机的体现。在生态层面上，城市滨水区的自然因素使得人与环境间达到和谐、平衡的发展；在经济层面上，城市滨水区具有高品质的游憩、旅游的资源潜质；在社会层面上，城市滨水区提高了城市的可居性，为各种社会活动提供了舞台；在都市形态层面上，城市滨水区对于一个城市整体感知意义重大。滨水空间的规划设计，必须考虑到生态效应、美学效应、社会效应和艺术品位等方面的综合，做到人与大自然、城市与大自然和谐共处。

（三）地理介绍

湿地保护与固碳减排湿地是陆地系统的重要碳库之一。全球湿地土壤总面积约占陆地面积的 6%，而全球湿地土壤的总碳库为 550Pg，占全球陆地土壤碳库的 1/3，相当于大气碳库和植被碳库的一半。因此，湿地在保护陆地碳库和缓解气候变化中具有重要地位。中国湿地占有巨大的陆地碳库，据估计，我国天然湿地的土壤总碳库达 8～10Pg，约占全国土壤碳库的 10%。根据 20 世纪 80 年代的调查，仅东北泥炭沼泽湿地的泥炭碳库就已约达 3. 3PgC。

许多研究表明，湿地是具有高净碳汇的陆地生态系统。据研究，中国各湖泊湿地的年碳汇速率介于 0. 03～1. 2tChm-2. a-1，沼泽湿地的年碳汇速率介于 0. 25～4. 4tChm-2. a-1。这些均表明湿地生态系统的碳汇能力通常要大于沙漠、温带森林、草原等其他生态系统的碳汇能力（0. 02～0. 12tChm-2. a-1），故固碳潜力也要远高于其他类型的生态系统。仅湖泊湿地和沼泽湿地的年碳汇量介于 6～70TgC。

（四）测量

根据联合国政府间气候变化专门委员会（IPCC）的最新估计，森林和湿地等生态系统的碳释放占全球 CO_2 排放量的 20% 多，全球湿地土壤的 CO_2 温室气体排放已经相当于全球总排放的 1/10。据估计，占全球湿地总面积 6% 的东南亚热带森林泥炭湿地土壤碳库为 42Pg，因退化（包括野火）每年 CO_2 排放量达 1. 4Tg，占全球湿地总 CO_2 排放量的 8%～10%，成为十分突出的温室气体源。因此，保护湿地是保护陆地碳库、减少土地利用中碳排放的根本需要。

在全球变化和强烈的人为利用和干扰下，中国湿地资源总体上处于快速萎缩状态。自 20 世纪中期以来，受到气候变化的影响，随着升温和干旱的加剧，华北、东北和青藏高原湿地不断萎缩，盐化、旱化和沙化威胁着湿地的生存。中国已有 50% 的滨海滩涂湿地不复存在；此外，约 40% 的湿地面临着严重退化的危险。特别是东北三江平原沼泽湿地、若尔盖高寒草甸湿地和三江源区草甸沼泽湿地，因围垦、过牧和气候变化的影响，湿地退化和碳库损失规模巨大。根据采样研究，河湖淡水湿地退化后的表土碳库损失为 40%～60%，泥炭沼泽湿地高达 70%～90%。估计东北三江平原沼泽泥炭湿地因围垦而损失的土壤碳库达 0. 22Pg，过去 50 年间中国湿地资源萎缩而造成的碳库损失总量可能达 1. 5Pg，这相当于 2006 年中国总 CO_2 排放量，也相当于现有湿地总碳库的 1/7～1/6。因此，今后需要扎实抓好湿地保护工作，保护当前持有的湿地巨大碳库，从而减少土地不当的温室气体排放。尤其是高寒和高纬泥炭和沼泽湿地资源保护是中国减少温室气体总排放的重要途径，在国家减缓气候变化上具有极其重要的意义。

（五）社会需求及发展

自古以来，水是生命之源，无数城市发展的源点都位于水滨。在早期的城市中，水体作为城市生活和军事防御功能而存在，也是城市公共交往的主要空间，因此滨水区成为古代城市最为繁华和人为活动最为集中的区域。成功的滨水景观建设不仅有助于强化市民心中的地域感，而且可以塑造出美丽的城市形象，城市滨水区的建设，对于提高城市环境质量、展示城市历史文化内涵与特色风貌、促进城市的可持续发展均有着十分积极的意义。

然而，工业革命之后，城市人口和用地规模急剧扩大，现代工业、交通业和仓储业为求最佳经济效益，大量占据滨水空间，致使水质恶化。近年来，城市转型为滨水地段的开发提供了契机，人们开始认识到滨水区开发所潜在的巨大社会和经济价值。

三、河流健康评价

河流健康评价，是在河流健康内涵分析的基础上，针对河流的自然功能、生态环境功能和社会服务功能，根据河流的基本特征和个体特征，建立由共性指标和个性指标构建的河流健康评价指标体系，并提出由河段至河流整体的评价方法。

（一）概念

人类在开发利用河流的过程中，由于保护不够或滥加利用，许多河流出现污染、断流等现象，河流生态系统退化，影响了河流的自然和社会功能，破坏了人类的生态环境，甚至出现了严重不可逆转的生态危机，对社会的可持续发展构成严重威胁。直至 20 世纪 30 年代，人们环境意识觉醒，河流健康问题逐步引起人们的重视。在 20 世纪 50 至 90 年代，人类开始意识到河流生态系统健康的影响因素众多，包括大型水利工程、污染、城市化等，提出了河流生态需水的概念和评价方法，通过调控、维持河道生态流量保护河流生态系统健康；随后提出了水生态修复措施，包括河道物理环境、生物环境、物理化学指标等，并利用栖息地、藻类、大型无脊椎动物、鱼类等评价河流生态系统的健康进而提出了河流生态系统健康的概念。构建河流生态系统健康科学评价指标体系、评价方法和关键指标，对开展河流生态系统健康评价具有重要意义。

（二）河流健康

1. 河流健康内涵

河流健康应包括河流的自然状态健康以及能提供良好的生态环境、社会服务功能。从我国实际状况出发，我国河流的健康应是在河流一定的自然结构合理和生态环境需求的条件下，能提供较为良好的生态环境及社会服务功能，满足人类社会相应时期内可持续发展的需求，即在保持河流的自然、生态功能与社会服务功能的一种均衡状态下达到的河流健康。为此，我们定义河流健康内涵为：在人类的开发利用和保护协调下，保持河流自然、生态功能与社会服务功能相对均衡发挥的状态，河流能基本实现正常的水、物质及能量的循环及良好的功能，包括维持一定水平的生态环境功能和社会服务功能，满足人类社会的可持续发展需求，最终形成人类对河流的开发与保护保持平衡的良性循环。

河流的功能水循环是地球上最重要、最活跃的物质循环之一。河流水系是陆地水循环的主要路径，是陆地和海洋进行物质和能量交换的主要通道。源源不断的地表径流和可容纳一定径流的物理通道是河流的基本构件。对于诸如黄河这样的较大外流河，河道内连续而适量的河川径流使“海洋—大气—河川—海洋”之间的水循环得以连续，使“大气水—地表水—土壤水—地下水—大气水”之间的水转换得以保持，使陆地和海洋之间的物质和能量交换得以维持平衡；容纳水流的河床和基本完整的水系使地表径流能够在不改变水循环主要路径情况下完成从溪流到支流、干流和大海的循环过程，使依赖于河川径流的河流生态系统得以维持。

2. 河流的功能

（1）河流的自然功能。在没有人类干预情况下，随着沿河流水系不断进行的水循环，水流利用其自身动力和相对稳定的路径，实现从支流到干流再到大海的物质输送（主要是水沙搬运）和能量传递，即水沙（包括化学盐类）输送是河流最基本的功能。在河流水沙输送和能量传递过程中，河床形态在水沙作用下不断发生调整、入河污染物的浓度和毒性借助水体的自净作用逐渐降低、源源不断的水流和丰富多样的河床则为河流生态系统中的各种生物创造了繁衍的生境，因此，河流的河床塑造功能、自净功能和生态功能可以视为其水沙输送和能量传递转换功能的外延。以上功能与人类存在与否没有关系，为河流的自然功能。河流水系中的适量河川径流是河流自然功能维持的关键，通过水循环，陆地上的水不断得以补充、水资源得以再生。正是有了水体在河川、海洋和大气间的持续循环或流动，有了地表水、地下水、土壤水和降水之间的持续转换和密切联系，才有了河床和河流水系的发育，以及河流生态系统的发育和繁衍。

(2)河流的社会经济功能。随着人类活动的增加、利用和改造自然能力的提高，人们充分发挥河流的自然功能，给河流赋予了功能的扩展，包括泄洪功能、供水功能、发电功能、航运功能、净化环境功能、景观功能和文化传承功能等，这些功能可称为河流的社会经济功能。河流的社会经济功能是河流对人类社会经济系统支撑能力的体现，是人类维护河流健康的初衷和意义所在。河流的自然功能是河流生命活力的重要标志，并最终影响人类经济社会的可持续发展。人类赋予河流以社会功能，但人类活动的加大和人类价值取向不当又使自然功能逐渐弱化，最终制约其社会功能的正常发挥，影响人类经济社会的可持续发展。

利用河流健康的标志分析河流自然功能可知：拥有一个良好的水沙通道(即河道)是保障河流水沙输送功能的基础，也是河流的河床塑造功能是否正常的标志；良好的水质和河流生态显然是河流自净功能和生态功能基本正常的标志，同时也暗喻河流水循环系统基本正常。因此，在一般意义上，河流健康的标志是：在河流自然功能和社会功能均衡发挥的情况下，河流具有良好的水沙通道、良好的水质和良好的河流生态系统。水资源的可更新能力常被人们视为河流健康的重要体现，不过，在河流自然功能用水和人类用水基本得到保障的情况下，其水资源更新能力显然也处于正常状态。水循环属于良性循环。鉴于生态功能是河流自然功能之一，故河流生态系统健康必然是河流健康的重要内容，但并非全部。

3. 河流健康程度

河流健康程度是人类对河流功能是否均衡发挥的认可程度，是一定时期内人类河流价值观的体现，因此对那些远离人类社会干预、基本不影响人类生存和发展的河流，研究其健康与否是没有意义的。维护河流健康的目的并非要回归河流的原始状态，而是通过河流自然功能的恢复，使其和社会功能得到均衡发挥，以维持河流社会功能的可持续利用，保障人类经济社会的可持续发展。

(三)理论

通过对河流生态系统的结构、功能、物质和能量流的识别可知，河流生态系统总是随着时间变化而变化，并与周围环境及生态过程密切联系。生物内部之间、生物与周围环境之间相互联系，使整个系统有畅通的输入、输出过程，并维持一定范围的需求平衡，同时系统内部各个亚系统都是开放的，且各生态过程并不等同，有高层次、低层次之别；也有包含型与非包含型之别。系统中的这种差别主要是由系统形成时的时空范围差别所形成的，在进行健康评价时，时空背景应与层级相匹配。河流生态系统结构的复杂性和生物多样性对河流生态系统至关重要，它是生态系统适应环境变化的基础，也是生态系统稳定和功能优化的基础。维护生物多样性是河流生态系统评价中的重要组成部分。河流生态系统的自我调节过程以水生生物群落为核心，具有创造性；河流生态系统中的一切资源都是有限的，对河流生态系统的开发利用必须维持其资源再生和恢复的功能。河流生态系统健康是河流生态系统特征的综合反映。由于河流生态系统为多变量，其健康标准也应是动态及多尺度的。从系统层次来讲，河流生态系统健康标准应包括活力、恢复力、组织、生态系统服务功能的维持、管理选择、外部输入减少、对邻近系统的影响及人类健康影响 8 个方面。它们分别属于不同的自然、社会及时空范畴。其中，前 3 个方面的标准最为重要，综合这 3 个方面就可反映出系统健康的基本状况。

鉴于河流具有强大的生态服务功能，反映河流系统健康时需要增加生态服务功能指标。

河流生态系统健康指数(River Ecosystem Health Index，REHI)可表达为：

$$REHI = V \times O \times R \times S$$

式中：$REHI$ 为河流生态系统健康指数；V 为系统活力，是系统活力、新陈代谢和初级生产力的主要标准；O 为系统组织指数，是系统组织的相对程度 0~1 间的指数，包括多样性和相关性；R 为系统弹性指数，是系统弹性的相对程度 0~1 间的指数，S 为河流生态系统的服务功能，是服务功能的相对程度 0~1 间的指数。从理论上讲，根据上述指标进行综合运算就可确定一个河流生态系统的健康状况，但实际操作却是相当复杂的。

主要原因为：

(1)每个河流生态系统都有许多独特的组分、结构和功能，许多功能、指标难以匹配；

(2)系统具有动态性，条件发生变化，系统内敏感物种也将发生变化；

(3)度量本身往往因人而异，研究者常用自己熟悉的专业技术选择不同方法。

(四)方法

河流生态系统健康评价方法从评价原理上可分为两类。

1. 从评价原理

(1)预测模型法。该类方法主要通过把研究地生物现状组成情况与在无人为干扰状态下该地能够生长的物种状况进行比较，进而对河流健康进行评价。该类方法主要通过物种相似性比较进行评价，指标单一，如外界干扰发生在系统更高层次上，没有造成物种变化时，这种方法就会失效。

(2)多指标法。该方法通过对观测点的系列生物特征指标与参考点的对应比较结果进行计分，累加得分进行健康评价。该方法为不同生物群落层次上的多指标组合，因此能够较客观地反映生态系统变化。

河流生态系统健康评价方法从评价对象角度可分为两类。

2. 从评价对象

(1)物理—化学法。主要利用物理、化学指标反映河流水质和水量变化、河势变化、土地利用情况、河岸稳定性及交换能力、与周围水体(湖泊、湿地等)的连通性、河流廊道的连续性等。同时，应突出物理—化学参数对河流生物群落的直接及间接影响。

(2)生物法。河流生物群落具有综合不同时空尺度上各类化学、物理因素影响的能力。面对外界环境条件的变化(如化学污染、物理生境破坏、水资源过度开采等)，生物群落可通过自身结构和功能特性的调整来适应，并对多种外界胁迫所产生的累积效应做出反应。

因此，利用生物法评价河流健康状况，应为一种更加科学的评价方法。

3. 生物评价法

按照不同的生物学层次又可划分为5类：

(1)指示生物法。指示生物法就是对河流水域生物进行系统调查、鉴定，根据物种的有无来评价系统健康状况。

(2)生物指数法。根据物种的特性和出现情况，用简单的数字表达外界因素影响的程度。该方法可克服指示生物法评价所表现出的生物种类名录长、缺乏定量概念等问题。

(3)物种多样性指数法。物种多样性指数法是利用生物群落内物种多样性指数有关公式来评价系统健康程度。其基本原理为：清洁的水体中，生物种类多，数量较少；污染的水体中，生物种类单一，数量较多。这种方法的优点在于对确定物种、判断物种耐性的要求不严格，简便易行。

(4)群落功能法。是以水生物的生产力、生物量、代谢强度等作为依据，来评价系统健康程度。该方法操作较复杂，但定量准确。

(5)生理生化指标法。应用物理、化学和分子生物学技术与方法，研究外界因素影响引起的生物体内分子、生化及生理学水平上的反应情况，可为评价和预测环境影响引起的生态系统较高生物层次上可能发生的变化。澳大利亚学者近期采用河流状况指数法对河流生态系统健康进行评价，该评价体系采用河流水文、物理构造、河岸区域、水质及水生生物5个方面的20余项指标进行综合评价，其结果更加全面、客观，但评价过程较为复杂。

河流健康评价方法种类繁多，各具优势，在具体评价工作中，应相互结合，互为补充，进行综合评价，才能取得完整和科学的评价结果。同时，评价的可靠性还取决于对河流生态环境的全面认识和深刻理解，包括获取可靠的资料数据，对生态环境特点及各要素之间内在联系的详细调查和分析等，这些均是评价成功的关键。

四、水生态系统保护与修复的技术与方法

（一）规划主要内容与技术路线

水生态保护与修复规划的主要任务是以维护流域生态系统良性循环为基本出发点，合理划分水生态分区，综合分析不同区域的水生态系统类型、敏感生态保护对象、主要生态功能类型及其空间分布特征，识别主要水生态问题，针对性地提出生态保护与修复的总体布局和对策措施。

1. 规划主要内容

（1）水生态状况调查。河湖水生态状况调查在现有资料收集和分析基础上，针对典型河湖和重要生态敏感区开展水生态补充调查监测，内容包括：主体功能区划、生态功能区划有关资料；河湖水资源开发利用及水污染状况；重点水工程的环境影响评价资料；有关部门的统计资料及行业公报；相关部门完成的生态调查评价成果和遥感数据；经济社会现状及发展资料等。

（2）水生态状况评价。结合水生态分区和水生态要素指标，评价规划单元水生态状况，明确河湖水生态面临的主要胁迫因素和驱动力，分析水生态问题的原因、危害及趋势。

（3）水生态保护与修复总体布局。根据水生态状况评价、水生态问题分析和影响因素识别，明确主要生态保护对象和目标，提出不同类型水生态系统保护和修复措施的方向和重点，从流域及河流水生态保护与修复全局出发，进行河湖水生态保护与修复总体布局。

（4）水生态保护与修复措施配置。根据水生态系统保护与修复的总体布局，结合水生态保护与修复措施体系，提出包括生态需水保障、生态敏感区保护、水环境保护、生境维护、水生生物保护、水生态监测、水生态补偿及水生态综合管理等各类水生态保护与修复工程与非工程措施配置方案。

（5）制订规划实施意见。结合已有工作基础，提出规划实施意见及优先实施项目。

2. 规划工作关键环节

（1）把握好规划的目标定位。规划要充分考虑水生态系统结构和功能的系统性、层次

性、尺度性。从流域尺度提出水生态保护与修复的总体原则和目标；结合生态分区，进一步从河流廊道尺度及河段尺度合理确定规划单元，明确其主要水生态功能和生态保护需求，并据此确定水生态保护与修复的重点和具体目标，进行水生态保护和修复措施总体布局。规划要避免将河段简单地从自然生态系统中割裂开来进行人工化设计。

(2)注重“点、线、面”结合。其中“点”为具体河段的生态保护对象；“线”为河流廊道，主要根据水生态分区划分确定；“面”为生态分区或者流域。要以流域为对象，在全流域或生态功能区域层次上，把握水生态系统结构上的完整性和功能上的连续性。“点、线、面”应相互结合、相互支撑、立体配套，处理好流域、河流廊道及具体河段不同空间尺度下水生态保护与修复措施的配置。

(3)处理好保护与修复的关系。要坚持保护优先，合理修复，针对人类活动对河湖生态系统的影响，着力实现从事后治理向事前保护转变，从人工建设向自然恢复转变，加强重要生态保护区、水源涵养区、江河源头区、湿地的保护。注重监测、管理等非工程措施，注重对各类涉水开发建设活动的规范和控制，从源头上遏制水生态系统恶化趋势。重点针对生态脆弱河流和地区以及重要生境开展水生态修复，河流修复的目标应该是建立具有自修复功能的系统。

(4)协调好与相关规划的关系。要以流域综合规划为依据，处理好开发与保护的关系，从流域角度划定水生态保护和修复的重点河段和区域，注重与最严格的水资源管理“三条红线”的衔接和协调，注重河湖连通性的维持和重要生境的保留维护。与水污染防治规划、水功能区划等相衔接，突出生态敏感区及保护对象的水质要求和保护。与国家主体功能区规划、生态功能区划等相衔接，注重河流廊道、生境形态等多自然河流的维护和修复，强化生态需水保障。

(二)水生态分区体系

我国幅员辽阔，河流众多，水工程纷繁复杂，各流域气候、水文分异复杂，流域内部的生态和水文特征迥然不同。

结合主体功能区规划、生态功能分区和水资源分区，以水生态系统为对象，综合考虑区域水文水资源特征、河流生态功能以及水工程的影响，利用 GIS 技术划分水生态分区，明确其生态功能定位。在此基础上进行规划单元划分，是水生态保护与修复规划的重要基础工作。

水生态分区通过寻找每个生态要素的不连续性和一致性来描绘其异同，分区的指导思想是使区域内差异最小化，区域间差异最大化，并遵循以下原则：

1. 区域相关性原则

在区划过程中，应综合考虑区域自然地理和气候条件、流域上下游水资源条件、水生态系统特点等关键要素，既要考虑它们在空间上的差异，又要考虑其相关性，以保证分区具有可操作性。

2. 协调性原则

水生态区的划定应与国家现有的水资源分区、生态功能区划、水功能区划等相关区划成果相互衔接，充分体现出分区管理的系统性、层次性和协调性。

3. 主导功能原则

区域水生态功能的确定以水生态系统主导功能为主。在具有多种水生态功能的地域，以水生态调节功能优先；在具有多种水生态调节功能的地域，以主导调节功能优先。

全国水生态分区采用二级区划体系，一级水生态分区满足我国水资源开发利用和水生态保护的宏观管理和总体布局需要；二级水生态分区满足区域或河流廊道水生态功能定位，保护与修复目标确定及措施布置的需要。针对具体区域，还可根据生态功能类型和保护要求，在二级水生态分区基础上进一步划分三级水生态分区。

根据全国由西向东形成的三大阶梯地貌类型，结合地理位置、气候带以及降雨量分布及区域水生态特点，将全国划分为七大水生态一级分区，即东北温带亚湿润区、华北东部温带亚湿润区、华北西部温带亚干旱区、西北温带干旱区、华南东部亚热带湿润区、华南西部亚热带湿润区和西南高原气候区。

在水生态一级区内，依据地形、地貌、气候、降雨、生态功能类型及经济社会发展状况，以全国水资源三级区套地市为单元，将全国划分为 34 个水生态二级分区。水生态分区以习惯地理地貌名称命名。

不同水生态功能类型反映了区域不同的水生态系统结构和特征。水生态分区的水生态功能主要有水源涵养、河湖生境形态修复、物种多样性保护、地表水利用、拦沙保土、水域景观维护、地下水保护 7 种类型。

（三）水生态状况评价指标体系

在进行水生态现状评价以及阶段性保护与修复目标制定时，应根据规划区域的水生态特点、尺度特征和保护要求，合理选取评价指标。为便于规划操作，进一步明确了各指标的定义、内涵和评价方法。

(1) 水源地保护程度主要针对重要江河源头区、重要水源地的保护状况，从水质、水量和管理角度进行评价，通过定性和定量相结合的方法评定其安全状态及保护程度。

(2)生态基流是指为维持河流基本形态和基本生态功能的河道内最小流量。由于我国各流域水资源状况差别较大，在基础数据满足的情况下，应采用尽可能多的方法计算生态基流，对比分析各计算结果，选择符合流域实际的方法和结果。

对于我国南方河流，生态基流可选择不小于90%保证率最枯月平均流量和多年平均天然径流量的10%两者之间的大值，也可采用Tennent法取多年平均天然径流量的20%~30%或以上。对北方地区，生态基流应在非汛期和汛期两个水期分别确定，一般情况下，非汛期生态基流应不低于多年平均天然径流量的10%；汛期生态基流可按多年平均天然径流量的20%~30%确定。

(3)敏感生态需水是指维持河湖生态敏感区正常生态功能的需水量及过程；在多沙河流，要同时考虑输沙水量。生态敏感区包括：具有重要保护意义的河流湿地及以河水为主要补给源的河谷林；河流直接连通的湖泊；河口；土著、特有、珍稀濒危等重要水生生物或重要经济鱼类栖息地；“三场”分布区等。敏感生态需水取各类生态敏感区需水量及输沙需水量过程的外包线。

(4)生态需水满足程度是指敏感期内实际流入生态敏感区的水量满足其生态需水目标的程度。可用评价敏感期内实际流入保护区的多年平均水量与保护区生态目标需水量之比表征。

(5)横向连通性是指河流生态要素在横向空间的连通程度，反映水工程建设对河流横向连通的干扰状况，一般可用具有连通性的水面个数(面积)占统计的水面总数(总面积)之比表示。

(6)纵向连通性是指河流生态要素在纵向空间的连通程度，反映水工程建设对河流纵向连通的干扰状况，一般可根据河流中闸、坝等阻隔构筑物的数量来表述。

(7)垂向透水性用于表征地表水与地下水的连通程度，反映河流基底受人为干扰的程度。可用泥沙粒径比例或者河道透水面积比例表述。

(8)重要湿地保留率是指规划区域内重要湿地在不同水平年的总面积与20世纪80年代前代表年份的湿地总面积的比值。

(9)珍稀水生生物存活状况指在规划区域内，珍稀水生生物或者重要经济鱼类等的生存繁衍、物种存活质量与数量的状况，一般通过调查规划或工程影响区域的水生生物种数、数量等反映存活状况的特征值，经综合分析后进行表述。

(10)鱼类物种多样性是指在规划范围内鱼类物种的种类及组成，是反映河湖水生生物状况的代表性指标。在监测能力和条件允许的情况下，可对鱼类的种类、数量及组成进行现场监测。

(11)“三场”及洄游通道状况是指水生生物生存繁衍的栖息地状况，尤其关注鱼类产卵场、索饵场、越冬场及鱼类的洄游通道状况。可通过调查了解规划范围内主要鱼类产卵场、索饵场、越冬场状况，调查内容包括鱼类“三场”的分布、面积及保护情况等。

(12)外来物种威胁程度是指规划或工程是否造成外来物种入侵，及外来物种对本地土著生物和生态系统造成威胁的程度。针对规划河段实际，一般选择外来鱼类、水生生物作为外来入侵物种评价指标。

(13)水功能区水质达标率是指规划范围内水功能区水质达到其水质目标的水功能区个数(河长、面积)占总数(总河长、总面积)的比例。水功能区水质达标率宏观反映了河湖水质满足水资源开发利用、生态保护要求的总体状况。

(14)湖库营养化指数是反映湖泊、水库水体富营养化状况的评价指标，主要包括湖库水体透明度、氮磷含量及比值、溶解氧含量及其时空分布、藻类生物量及种类组成、初级生物生产力等。

(15)水资源开发利用率是某水平年流域水资源开发利用量与流域内水资源总量的比例关系。水资源开发利用率反映流域的水资源开发程度，结合水资源可利用量，可反映出社会经济发展与生态环境保护之间的协调性。

(16)土壤侵蚀强度是以单位面积、单位时段内发生的土壤侵蚀量为指标划分的侵蚀等级，通常用侵蚀模数表达。土壤侵蚀强度可用来表征区域水土流失状况及其变化情况。

(17)景观维护程度是指各级涉水风景名胜区、森林公园、地质公园、世界文化遗产名录和规划范围内的城市河湖段等各类涉水景观，依照其保护目标和保护要求，人为主观评定其景观状态及维护程度。

(18)地下水埋深是指地表至浅层地下水水位之间的垂线距离。地下水埋深和毛管水最大上升高度决定了包气带垂直剖面的含水量分布，与植被生长状况密切相关。

(19)地下水开采系数为一定区域地下水的实际开采量与地下水可开采量(允许开采量)的比值。地下水超采不仅会引发环境地质灾害，而且由于破坏了地表水和地下水之间的转换关系，还会威胁到一些水生生物的生存及其生境质量。

(四)水生态保护与修复措施体系

在水生态状况评价基础上，根据生态保护对象和目标的生态学特征，对应水生态功能类型和保护需求分析，建立水生态修复与保护措施体系，主要包括生态需水保障、水环境保护、河湖生境维护、水生生物保护、生态监控和管理五大类措施，针对各大类措施又细分为 14 个分类，直至具体的工程、非工程措施。

(1)生态需水保障是河湖生态保护与修复的核心内容，指在特定生态保护与修复目标之下，保障河湖水体范围内由地表径流或地下径流支撑的生态系统需水，包含对水质、水量及过程的需求。首先应通过工程调度与监控管理等措施保障生态基流，然后针对各类生态敏感区的敏感生态需水过程及生态水位要求，提出具体生态调度与生态补水措施。

(2)水环境保护主要是按照水功能区保护要求，分阶段合理控制污染物排放量，实现污水排放浓度和污染物入河总量控制双达标。对于湖库，还要提出面源、内源及富营养化等控制措施。

(3)河湖生境维护主要是维护河湖连通性与生境形态，以及对生境条件的调控。河湖连通性，主要考虑河湖纵向、横向、垂向连通性以及河道蜿蜒形态。生境形态维护主要包括天然生境保护、生境再造、“三场”保护以及岸边带保护与修复等。生境条件调控主要指控制低温水下泄、控制过饱和气体以及水沙调控等。

(4)水生生物保护包括对水生生物基因、种群以及生态系统的平衡及演进的保护等。水生生物保护与修复要以保护水生生物多样性和水域生态的完整性为目标，对水生生物资源和水域生境进行整体性保护。

(5)生态监控与管理主要包括相关的监测、生态补偿与各类综合管理措施，是实施水生态事前保护、落实规划实施、检验各类措施效果的重要手段。要注重非工程措施在水生态保护与修复工作的作用，在法律法规、管理制度、技术标准、政策措施、资金投入、科技创新、宣传教育及公众参与等方面加强建设和管理，建立长效机制。

▶第二章

水生态文明建设体系与监测调查

第一节　水生态文明建设的理论体系

一、水生态文明建设的指导思想和基本原则

（一）水生态文明建设的指导思想

以科学发展观为指导，全面贯彻党的关于生态文明建设战略部署，把生态文明理念融入到水资源开发、利用、治理、配置、节约、保护的各方面和水利规划、建设、管理的各环节，坚持节约优先、保护优先和自然恢复为主的方针，以落实最严格的水资源管理制度为核心，通过优化水资源配置、加强水资源节约保护、实施水生态综合治理、加强制度建设等措施，大力推进水生态文明建设，完善水生态保护格局，实现水资源可持续利用，提高生态文明水平。

（二）水生态文明建设应遵循四个基本原则

1. 坚持人水和谐，科学发展

牢固树立人与自然和谐相处理念，尊重自然规律和经济社会发展规律，充分发挥生态

系统自我修复能力，以水定需、量水而行、因水制宜，推动经济社会发展与水资源水环境承载力相协调。

2. 坚持保护为主，防治结合

规范各类涉水生产建设活动，落实各项监管措施，着力实现从事后治理向事前保护转变。在维护河湖生态系统的自然属性、满足居民基本水资源需求基础上，突出重点，推进生态脆弱河流和地区水生态修复，适度建设水景观。

3. 坚持统筹兼顾，合理安排

科学谋划水生态文明建设布局，统筹考虑水的资源功能、环境功能、生态功能，合理安排生活、生产和生态用水，协调好上下游、左右岸、干支流、地表水和地下水的关系，实现水资源的优化配置和高效利用。

4. 坚持因地制宜，以点带面

根据各地水资源禀赋、水环境条件和经济社会发展状况，形成各具特色的水生态文明建设模式。选择条件相对成熟、积极性较高的城市或区域，开展试点和创建工作，探索水生态文明建设经验，以辐射带动流域、区域水生态的改善和提升。

二、水生态文明建设的主要内容

（一）落实最严格水资源管理制度

水生态文明建设首先要统筹经济社会发展与水资源水环境承载能力相适应，提高管理水平，规范用水行为，实现以水资源的可持续利用，保障经济社会的可持续发展。把落实最严格水资源管理制度作为水生态文明建设工作的核心，抓紧确立水资源开发利用控制、用水效率控制、水功能区限制纳污“三条红线”，建立和完善省及各市、县三级行政区域的水资源管理控制指标，纳入各地经济社会发展综合评价体系。全面落实取水许可和水资源有偿使用、水资源论证等管理制度；加快制定区域、行业和用水产品的用水效率指标体系，加强用水定额和计划用水管理，实施建设项目节水设施与主体工程“三同时”制度；充分发挥水功能区的基础性和约束性作用，建立和完善水功能区分类管理制度，严格入河湖排污口设置审批，进一步完善饮用水水源地核准和安全评估制度；健全水资源管理责任与考核制度，建立目标考核、干部问责和监督检查机制。充分发挥“三条红线”的约束作用，加快促进经济发展方式转变。

（二）优化水资源配置

严格实行用水总量控制，制定主要江河流域水量分配和调度方案，强化水资源统一调度。在保护生态的前提下，建设一批骨干水源工程和河湖水系连通工程，加快形成布局合理、生态良好，引排得当、循环通畅，蓄泄兼筹、丰枯调剂，多源互补、调控自如的江河湖库水系连通体系，提高防洪保安能力、供水保障能力、水资源与水环境承载能力。大力推进污水处理回用，鼓励和积极发展海水淡化和直接利用，高度重视雨水和微咸水利用，将非常规水源纳入水资源统一配置。

（三）强化节约用水管理

建设节水型社会，把节约用水贯穿于经济社会发展和群众生产生活全过程，进一步优化用水结构，切实转变用水方式。大力推进农业节水，加快大中型灌区节水改造，推广管道输水、喷灌、微灌、滴灌等高效节水灌溉技术。严格控制水资源短缺和生态脆弱地区高用水、高污染行业发展规模。加快企业节水改造，重点抓好高用水行业节水减排技改以及重复用水工程建设，提高工业用水的循环利用率。加大城市生活节水工作力度，逐步淘汰不符合节水标准的用水设备和产品，大力推广生活节水器具，降低供水管网漏损率。建立用水单位重点监控名录，强化用水监控管理。

（四）严格水资源保护

编制水资源保护规划，做好水资源保护顶层设计。全面落实《全国重要江河湖泊水功能区划》，严格监督管理，建立水功能区水质达标评价体系，加强水功能区动态监测和科学管理。从严核定水域纳污容量，制定限制排污总量意见，把限制排污总量作为水污染防治和污染减排工作的重要依据。加强水资源保护和水污染防治力度，严格入河湖排污口监督管理和入河湖排污总量控制，对排污量超出水功能区限排总量的地区，限制审批新增取水和入河湖排污口，改善重点流域水环境质量。严格饮用水水源地保护，划定饮用水水源保护区，按照“水量保证、水质合格、监控完备、制度健全”要求，大力开展重要饮用水水源地安全保障达标建设，进一步强化饮用水水源应急管理。

（五）推进水生态系统保护与修复

确定并维持河流合理流量和湖泊、水库以及地下水的合理水位，保障生态用水基本需求，定期开展河湖健康评估。加强对重要生态保护区、水源涵养区、江河源头区和湿地的保护，综合运用调水引流、截污治污、河湖清淤、生物控制等措施，推进生态脆弱河湖和地区的水生态修复。加快生态河道建设和农村沟塘综合整治，改善水生态环境。严格控制地下水开采，尽快建立地下水监测网络，划定限采区和禁采区范围，加强地下水超采区治理。深入推进水土保持生态建设，加大重点区域水土流失治理力度，加快坡耕地综合整治步伐，积极开展生态清洁小流域建设，禁止破坏水源涵养林。合理开发农村水电，促进可再生能源应用。建设亲水景观，提升生活空间宜居程度。

（六）加强水利建设中的生态保护

在水利工程前期工作、建设实施、运行调度等各个环节，都要高度重视对生态环境的保护，着力维护河湖健康。在河湖整治中，要处理好防洪除涝与生态保护的关系，科学编制河湖治理、岸线利用与保护规划，按照规划治导线实施，积极采用生物技术护岸护坡，防止过度“硬化、白化、渠化”，注重加强江河湖库水系连通，促进水体流动和水量交换。同时要防止以城市建设、河湖治理等名义盲目裁弯取直、围垦水面和侵占河道滩地；要严格涉河湖建设项目管理，坚决查处未批先建和不按批准建设方案实施的行为。在水库建设中，要优化工程建设方案，科学制定调度方案，合理配置河道生态基流，最大程度地降低工程对水生态环境的不利影响。

（七）提高保障和支撑能力

充分发挥政府在水生态文明建设中的领导作用，建立部门间联动工作机制，形成工作合力。进一步强化水资源统一管理，推进城乡水务一体化。建立政府引导、市场推动、多元投入、社会参与的投入机制，鼓励和引导社会资金参与水生态文明建设。完善水价形成机制和节奖超罚的节水财税政策，鼓励开展水权交易，运用经济手段促进水资源的节约与保护，探索建立以重点功能区为核心的水生态共建与利益共享的水生态补偿长效机制。注重科技创新，加强水生态保护与修复技术的研究、开发和推广应用。制定水生态文明建设工作评价标准和评估体系，完善有利于水生态文明建设的法治、体制及机制，逐步实现水生态文明建设工作的规范化、制度化、法治化。

（八）广泛开展宣传教育

开展水生态文明宣传教育，提升民众对于水生态文明建设的认知和认可，倡导先进的水生态伦理价值观和适应水生态文明要求的生产生活方式。建立民众对于水生态环境意见和建议的反映渠道，通过典型示范、专题活动、展览展示、岗位创建、合理化建议等方式，鼓励社会民众广泛参与，提高珍惜水资源、保护水生态的自觉性。大力加强水文化建设，采取人民群众喜闻乐见、容易接受的形式，传播水文化，加强节水、爱水、护水、亲水等方面的水文化教育，建设一批水生态文明示范教育基地，创作一批水生态文化作品。

三、水生态文明建设的制度和技术保障体系

生态文明建设是一项系统工程，具有“五全”特点。一是生态环境保护需要“全领域”覆盖，即覆盖所有国土、城乡、山水林田湖草沙和各个行业。二是生态环境保护需要“全环节”管理，将山水林田湖草沙视为一个整体，进行全流程管理，严防源头、严控过程，对造成环境污染后果的更要严惩。三是生态环境保护需要“全天候”推动，坚持全天24小时不间断行动，以防止夜间偷排等情况发生，坚持连续多年持续推动。四是生态环境保护需要“全手段”实施，即综合运用法律、行政、市场和道德等手段推动。五是生态环境保护需要“全社会”行动，让政府、企业、民众等各个主体共同行动起来。

“全领域”覆盖需要通过全国统一的生态文明制度，特别是统一的治理体制进行协调，以避免出现东部污染向中西部转移、城市污染向农村转移、陆地污染向水体转移、工业污染向农业转移等情况。“全环节”管理需要从源头、过程、结果三个基本环节设计生态文明制度，存量生态环境问题重在结果环节的治理，增量生态环境问题重在源头、过程环节的治理，要将三个基本环节的治理制度有机衔接起来，以形成最好的整体治理效果。“全天候”推动需要在生态文明制度设计上考虑特殊时段，如夜间、放假期间、经济高增长期间的制度漏洞和制度有效性问题，以提高生态文明建设的整体效果。“全手段”实施就是要运用所有制度手段，如法律法规、标准、行政管理、总量控制、市场交易等制度来建设生态文明，同时要形成与生态文明建设相适应的道德风尚、思想观念等。

这里尤其要强调，建设生态文明需要强化“全社会”行动的制度保障。个人、企业、政府部门既是能源资源的消耗者和污染物的排放者，也是生态文明的建设者。生态文明建设具有外部性，排放者损害了社会效益，但个人收益却很高；建设者增加了社会效益，但个人收益却很低。这正是当下生态文明建设的难点所在。解决这一问题，需要通过科学的制度设计，使各个主体的付出与回报对称、损害与惩罚对称、责权利对称，并承担其应有职责。政府主要是制定法律、法规、政策、规划、标准，开展试点，提供公共服务；企业应努力提高效率，降低能源资源消耗，减少环境污染；社会组织应发挥自身优势，开展形式多样的生态文明建设活动；民众应树立生态文明意识，尽量减少能源资源消耗，减少浪费，控制污染排放。水生态文明是生态文明建设的重要组成部分，生态文明建设的“五全”

特点亦适用于水生态文明建设。

水生态文明建设是水资源节约、水环境保护、水安全维护、水文化弘扬和水制度保障"五位一体"的有机整体。"五位一体"的水生态文明建设系统布局是一个相互联系、相互影响、相互作用、相互协调、相互促进、相辅相成的有机统一体。其中，水制度保障是水生态文明建设的保证。保护生态环境必须依靠制度。制度文明是制度建设的结果，主要通过制度建设及其过程加以体现。制度文明建设是一个国家政治、经济、文化建设的重要内容，其进程有赖于社会现有的物质文明和精神文明整体水平的提高。水制度建设包括完善涉水相关法律法规、技术标准体系、监督监控体系、规划体系、体制机制、能力建设、考核管理等内容。通过把资源消耗、环境损害、生态效益纳入经济社会发展评价体系，建立体现生态文明要求的目标体系、考核办法、奖惩机制，形成适应水生态文明理念要求的制度体系，保障水生态文明建设的顺利进行。

四、水生态文明建设应注意的问题

水生态文明建设应注意以下七点问题：

第一，始终贯穿生态文明理念，服从生态文明建设大局。水生态文明建设是水利部门贯彻落实党的关于生态文明建设的一项重要举措，水利部门在实施生态文明建设中具有重要作用，但不能理解为水利部门"单打独斗""另搞一套"，要把生态文明理念贯穿于水利工作的方方面面，要服从于全国生态文明建设大局。

第二，主动为生态文明建设做好服务，积极参与生态文明建设。水资源是生态文明建设的核心制约因素，水利应走在生态文明建设的前列，因此水利部门应该积极主动参与生态文明建设的有关方面，成为践行党的精神的主力军。

第三，水生态文明建设不是水利部门常规工作的简单梳理和集成，而是贯彻党的生态文明建设理念的一种升华和系统提高。有人在看到水利部关于水生态文明建设的主要工作内容时，认为其归纳的八方面工作内容就像是以往水利部主抓工作的再一次罗列。这种认识是不全面的。这八个方面仅仅是建设水生态文明的主要抓手，必须牢牢围绕生态文明建设这个纲，转变观念，提高认识，深刻领会党的十九大、二十大精神，切实抓好水生态文明建设工作。

第四，以习近平生态文明思想为指导，牢固树立人水和谐理念。在经济社会快速发展过程中，要尊重自然规律和经济社会发展规律，充分发挥生态系统的自我修复能力，以水定需，量水而行，因水制宜，推动经济社会发展与水资源和水环境承载力相协调。

第五，水利工程建设与生态系统保护应和谐发展。以往水利部门部分工作人员过于重视水利工程建设，过于强调水利工程建设带来的经济效益，忽视工程建设对生态系统的影响。水利部门应在水利工程前期工作、建设实施、运行调度等各个环节，高度重视对生态环境的保护，着力维护河湖健康，重视进行水生态系统保护与修复，使工程建设与生态系统保护和谐发展。

第六，工程措施与非工程措施应和谐发展。生态文明建设并不是只考虑生态系统保护，而是发展与保护协调发展。生态文明建设中的水利工作，既包括工程建设等措施，也包括水资源管理制度、法治、监管、科技、宣传、教育等非工程措施。单一重视工程措施或过分强调非工程措施都不是科学的。科学的态度是使工程措施与非工程措施和谐发展，共同支撑水生态文明建设。

第七，基础研究、应用技术、软科学研究应和谐发展。水生态文明建设是一项庞大而复杂的系统工程，是今后一定时期内水利工作的奋斗目标和工作重点。面对新时期水利改革发展和生态文明建设的需求，需要解决一些新的基础科学问题，例如，生态文明建设的关键影响因素及评价指标体系，人水关系的和谐研究，水与可持续发展关系研究，水资源与经济社会协调发展理论及量化研究方法、管理模型、方案制定，水资源保护理论方法，河湖健康理论方法等。同时也要解决适应生态文明建设的一些应用技术，例如，农业节水新技术、工业节水新工艺、非常规水利用技术、污水处理新技术、水资源优化调控技术、水生态系统保护与修复技术等。此外，基于新的理念也亟须开展一些有关软科学的研究，例如，水生态补偿机制，水价制定与水市场运行方式，水资源管理责任和考核制度，最严格水资源管理制度技术标准体系、行政管理体系和法律法规体系，经济社会发展与水资源水环境承载能力和谐发展理论等。

第二节　水生态监测调查与评价

一、水生态监测调查的主要内容

水生态相关监测指标可分为水生生态系统压力指标、水生态效应指标和水质指标三类。其中，水生生态系统压力指标可依据水域生态环境监测目标适当增减，水生态效应指标的监测项目应不少于表 2-1 所列内容。有特殊要求的水域水生态监测应按照监测目的的需要，增加水生生态系统压力指标和水生态效应指标的监测项目。水质监测一般在水生生态系统调查和监测时同步进行。

表 2-1　水生态监测指标与监测项目

<table>
<tr><th colspan="3">监测指标</th><th>监测项目</th><th>适用范围</th></tr>
<tr><td rowspan="14">水生生态系统压力指标</td><td rowspan="2">污染指标</td><td>生物残毒</td><td>汞、镉、铅、砷、铜、滴滴涕、多氯联苯、石油烃等含量</td><td>以环境污染为主要压力的水生生态系统</td></tr>
<tr><td>微生物</td><td>粪大肠杆菌、细菌总数</td><td>所有水生生态系统</td></tr>
<tr><td rowspan="5">富营养化指标</td><td>溶解氧</td><td>—</td><td>所有水生生态系统</td></tr>
<tr><td>总氮</td><td>—</td><td>所有水生生态系统</td></tr>
<tr><td>总磷</td><td>—</td><td>所有水生生态系统</td></tr>
<tr><td>化学需氧量</td><td>—</td><td>所有水生生态系统</td></tr>
<tr><td>叶绿素 a</td><td>—</td><td>—</td></tr>
<tr><td rowspan="2">生境改变指标</td><td>生物栖息地范围</td><td>—</td><td>所有水生生态系统</td></tr>
<tr><td>沉积物粒度</td><td>—</td><td>所有水生生态系统</td></tr>
<tr><td rowspan="3">其他压力指标</td><td>渔业捕捞</td><td>—</td><td>所有水生生态系统</td></tr>
<tr><td>陆地污染源</td><td>—</td><td>所有水生生态系统</td></tr>
<tr><td>养殖压力(种类、密度、排污等)</td><td>—</td><td>有养殖功能的水域</td></tr>
<tr><td colspan="4" style="display:none"></td></tr>
<tr><td colspan="4" style="display:none"></td></tr>
<tr><td rowspan="4">水生态效应指标</td><td>初级生产力</td><td>—</td><td>—</td><td>所有水生生态系统</td></tr>
<tr><td>叶绿素 a</td><td>—</td><td>—</td><td>所有水生生态系统</td></tr>
<tr><td rowspan="2">生物多样性</td><td>生物多样性指标</td><td>浮游生物，底栖生物，着生生物，大型水生植物，珍稀、濒危和特有水生生物</td><td>所有水生生态系统</td></tr>
<tr><td>鱼类多样性指标</td><td>鱼类</td><td>所有水生生态系统</td></tr>
<tr><td rowspan="3">水生态效应指标</td><td rowspan="3">群落结构</td><td>生物量</td><td>浮游生物，底栖生物，着生生物，大型水生植物</td><td>所有水生生态系统</td></tr>
<tr><td>密度</td><td>浮游生物，底栖生物，着生生物，大型水生植物，鱼类，珍稀、濒危和特有水生生物</td><td>所有水生生态系统</td></tr>
<tr><td>公众关注物种的种群结构</td><td>浮游生物，底栖生物，着生生物，大型水生植物，鱼类，珍稀、濒危和特有水生生物</td><td>所有水生生态系统</td></tr>
</table>

续表

监测指标			监测项目	适用范围
水质指标	河流	—	水温、pH 值、悬浮物、总硬度、电导率、溶解氧、高锰酸盐指数、五日生化需氧量、氨氮、硝酸盐氮、亚硝酸盐氮、挥发酚、氰化物、氟化物、硫酸盐、氯化物、六价铬、总铬、总砷、镉、铅、铜、大肠菌群	河流
	湖泊、水库	—	水温、pH 值、悬浮物、总硬度、透明度、总磷、总氮、溶解氧、高锰酸盐指数、五日生化需氧量，氨氮、硝酸盐氮、亚硝酸盐氮、挥发酚、氰化物、氟化物、六价铬、总铬、总砷、镉、铅、铜、叶绿素 a	湖泊、水库

这里重点是水生态监测，因此只介绍水生生态系统压力指标和水生态效应指标，水质指标在此不叙述。

(一)水生生态系统压力指标

1. 污染指标

(1)生物残毒。外界污染物通过动物的消化系统、呼吸系统、皮肤或植物根部、叶片上的气孔进入生物体内，经过一系列生物化学作用，有些生物可排除体内的污染物，有些生物可转化或积累污染物。通过测定指示生物体内（动物和植物）污染物的浓度和分布来监测环境污染程度和影响的过程，测定污染物在生物体内或某组织内的浓度，评价该污染物迁移、转化和蓄积对人类及生态系统的影响。生物污染物含量分析的样品一般为鱼类，采集的种类应是监测水域内的常见种类。主要监测的项目包括重金属汞、镉、铅、砷、铜和致畸致癌的难降解有机物如滴滴涕、多氯联苯、石油烃等。

(2)微生物。

1)粪大肠菌群。粪大肠菌群指的是具有某些特性的一组与粪便污染有关的细菌。这些细菌在生化及血清学方面并非完全一致。其定义为：需氧及兼性厌氧、在37℃能分解乳糖产酸产气的革兰氏阴性无芽孢杆菌。一般认为，该菌群细菌可包括大肠埃希氏菌、柠檬酸杆菌、产气克雷伯氏菌和阴沟肠杆菌等。

粪大肠菌群的检验方法有两种：

①发酵法。以不同量水样接种于规定数目的含有不同量标准培养基的发酵管中，在37℃经24小时培养后，如发酵管产酸产气、显微镜检验又为革兰氏阴性无芽孢杆菌，则为阳性反应。根据培养和阳性的发酵管数目，按统计学原理即可得粪大肠菌群数（每L或每100 mL中的个数）。因为数目是按统计学原理算出的，所以称为最可能数（MPN）。

②滤膜法。水样通过滤膜过滤，因膜的孔径很小，粪大肠菌群截留在膜上。将滤膜移到远藤氏培养基上，在37℃经24小时培养后直接数典型菌落数，即得结果。由于滤膜法要求有标准的孔径，以及操作上所需的技术要求较难掌握，目前的使用还不普遍。

2）细菌总数。水中通常存在的细菌大致可分为三类：

①天然水中存在的细菌。普通的是荧光假单孢杆菌、绿脓杆菌，一般认为这类细菌对健康人体是非致病的。

②土壤细菌。洪水时期或大雨后地表水中较多。它们在水中生存的时间不长，在水处理过程中容易被去除。腐蚀水管的铁细菌和硫细菌也属此类。

③肠道细菌。它们生存在温血动物的肠道中，故粪便中大量存在。

细菌总数计数的研究已有很多，目前国家环境保护标准规定的方法为平板计数法。其检验方法是：在玻璃平皿内，接种1mL水样或稀释水样于加热液化的营养琼脂培养基中，冷却凝固后在37℃培养24小时，培养基上的菌落数或乘以水样的稀释倍数即为细菌总数。有的国家把培养温度定为35℃或其他温度，也有把培养时间定为48小时的。这种方法精度高但耗时长，难以满足实际工作需要。为了简化检测程序、缩短检测时间，国内外学者进行了大量的快速检测方法的研究，提出了阻抗检测法、Simplate TM全平器计数法、微菌落技术、纸片法等检测方法，取得了一定的成果，但检测时间仍在4小时以上。

2. 富营养化指标

富营养化是氮、磷等植物营养物质含量过多所引起的水质污染现象。在自然条件下，随着河流挟带冲积物和水生生物残骸在湖底的不断沉降淤积，湖泊会从贫营养过渡为富营养，进而演变为沼泽和陆地，这是一个极为缓慢的过程。但由于人类的活动，大量工业废水和生活污水以及农田径流中的植物营养物质排入湖泊、水库、河口、海湾等缓流水体后，水生生物特别是藻类将大量繁殖，使种群种类数量发生改变，破坏了水体的生态平衡。富营养化的主要监测指标是常见的水质指标，即溶解氧、总氮、总磷、化学需氧量和叶绿素a。

3. 生境改变指标

生境是指生物的个体、种群或群落生活地域的环境，包括必需的生存条件和其他对生物起作用的生态因素。生境是指生态学中环境的概念，又称栖息地。生境是由生物和非生物因子综合形成的，而描述一个生物群落的生境时通常只包括非生物环境。

(1)生物栖息地范围。生境常决定一种生物的存在与否，如变形虫的生境为清水池塘或水流缓慢、藻类较多的浅水处；延龄草的生境是落叶林内的阴湿处。生境也可为整个群落占据的地方，如梭梭草荒漠群落的生境是中亚荒漠地区的沙漠或戈壁；芦苇沼泽群落的生境是在世界各地潮湿的沼泽中。

(2)沉积物粒度。粒度分布特征是沉积物的基本特征之一，受搬运和沉积过程的动力条件控制，与沉积环境密切相关，且具有测量简单、快速、不受生物作用影响、对气候变化敏感等特点。因此，沉积物的粒度分析是研究沉积环境、沉积过程、搬运过程和搬运机制的重要手段之一，通过沉积物粒度特征，可区分沉积环境、判断水动力条件和区域气候变化，以及在不同时间尺度、不同时间分辨率的研究中，沉积物粒度对环境具有不同的指示意义。

4. 其他压力指标

(1)渔业捕捞。渔业捕捞用捕捞产量衡量，捕捞产量是反映海洋渔业生产成果的指标，指渔业生产所捕获的鱼类和其他水生动物的数量，一般以公斤、吨、担、箱等计量单位表示，对大型、稀少珍贵的水产动物，有时也以头、只、尾等计量单位表示。捕捞产量按计算范围和种类，划分为捕捞总量、分类捕捞量和单位平均捕捞量。捕捞总量是指一定范围内或一定时期内的捕获总重量。分类捕捞量则指各类水产动物的捕获总重量。单位平均捕捞量是指每一捕捞单位(船、网等)平均捕捞重量。捕捞产量对于研究渔业生产资源、渔业生产能力和渔业生产效率具有重要作用。

人工捕捞是湖泊自然渔业的主要手段，捕捞在有效移除目标鱼类的同时，通过改变生境及调整行为等方式对非目标生物产生间接影响，最终对渔业资源产生二次影响。渔业捕捞强度超出合理水平下的过度捕捞，常造成鱼类种群退化、渔获物质量下降、捕捞成本提高和无鱼可捕等后果。在此情况下，捕获鱼类由营养级高的食鱼性鱼类，向生活周期短、以无脊椎动物为食和以浮游生物为食的中上层鱼类发展，鱼类营养级下降。过度捕捞是捕捞渔船吨位、渔网网目和其他捕鱼设备以及捕鱼作业时间的综合结果。过度捕捞形成恶性循环，渔业资源遭受严重破坏，种群资源恢复难度极大。过度捕捞不但破坏渔业资源，还导致鱼类初次性成熟时间提前，个体小型化趋势明显。有两种理论解释这种现象：一种理论认为，过度捕捞后，“幸存者”能够得到更多的食物，从而使其在较小的年龄就能发育成熟；另一种理论认为，捕捞是一种“人工选择”，成熟年龄较小的鱼类能够在被捕捞之前将基因传给后代，成熟晚的鱼类在繁殖后代前就被捕获。这样，早熟的小型鱼类在整个种群中的比例就会越来越大。

(2)陆地污染源。陆地污染源简称陆源污染，是指从陆地向海域排放污染物，造成或者可能造成海洋环境污染损害的场所、设施等。这种污染物可能具有霉性、扩散性、积累性、活性、持久性和生物可降解性等特征，多种污染物之间还有拮抗和协同作用。

陆源污染是指陆地上产生的污染物进入海洋后对海洋环境造成的污染及其他危害。陆源型污染和海洋型污染、大气型污染，构成海洋的三大污染源。陆源污染物种类最广、数量最多，对海洋环境的影响最大。陆源污染物对封闭和半封闭海区的影响尤为严重。陆源污染物可以通过临海企事业单位的直接入海排污管道或沟渠、入海河流等途径进入海洋。沿海农田施用化学农药，在岸滩弃置、堆放垃圾和废弃物，也可以对环境造成污染损害。

根据世界资源研究所的一项最新研究显示，世界上51%的近海生态环境系统受环境污染和富营养化的影响而处于显著的退化危险之中，其中34%的沿海地区正处于潜在恶化的高度危险中，17%处于中等危险中，而导致这些危险的最主要原因是陆源活动对海洋的危害。

(3)养殖压力。调查区如果存在一定的养殖规模，应调查养殖生产情况，收集养殖区内多年的养殖数据，采用养殖压力指数法评价。对于滤食性贝类和浮游生物食性鱼类，其养殖压力指数等于单位时间内养殖收获净输出的有机碳(氮)通量除以该调查区同时期水体中颗粒有机碳(氮)的平衡含量，单位时间为月或年。

(二)水生态效应指标

1. 初级生产力

初级生产力(Primary Productivity)是指绿色植物利用太阳光进行光合作用，即O_2+有机物质，把无机碳(CO_2)固定、转化为有机碳(如葡萄糖、淀粉等)这一过程的能力。一般以每天、每平方米有机碳的含量(克数)表示。初级生产力又可分为总初级生产力和净初级生产力。

总初级生产力(Gross Primary Productivity，GPP)是指单位时间内生物(主要是绿色植物)通过光合作用所固定的有机碳量，又称总第一性生产力，GPP决定了进入陆地生态系统的初始物质和能量。净初级生产力(Net Primary Productivity，NPP)则表示植被所固定的有机碳中扣除本身呼吸消耗的部分，这一部分用于植被的生长和生殖，也称净第一性生产力。两者的关系：NPP=GPP-Ra，其中：Ra为自养生物本身呼吸所消耗的同化产物。

2. 叶绿素 a

叶绿体中的色素包括叶绿素和类胡萝卜素两大类。叶绿素又包括叶绿素 a 和叶绿素 b。叶绿体中的色素都能够吸收光能，但只有少数在特殊状态下的叶绿素 a 才具有转化光能的作用，也就是说，类胡萝卜素和叶绿素 b 以及大部分的叶绿素 a 都不能转化光能。

随着经济社会的快速发展，人类活动不可避免地对河流、湖泊、海洋等水体造成影响，各种水环境问题不断发生。过量的氮、磷等营养物质的输入已大大超出了水体能够正常承载的范围，使得藻类等浮游植物和部分浮游动物大量繁殖，造成水体富营养化等一系列环境问题。研究表明，富营养化现象受多种环境因子影响，其中氮、磷作为浮游植物赖以生长的重要营养物质，参与光能转化代谢过程，是最为重要的两个因素。而叶绿素 a 是藻类光合作用的主要物质，也是利用太阳光能把无机物转化为有机物的关键物质，是富营养化常见的响应指标。因此，可以利用叶绿素 a 来评估藻类生长状况，反映水体理化性质的动态变化和水体富营养化状况。

3. 生物多样性

生物多样性是生物及其环境形成的生态复合体以及与此相关的各种生态过程的综合，包括动物、植物、微生物和它们所拥有的基因，以及它们与其生存环境形成的复杂的生态系统。

(1)生物多样性指标。生物多样性指标包括浮游生物，底栖生物，着生生物，大型水生植物，珍稀、濒危和特有水生生物。

①浮游生物。泛指生活在水中而缺乏有效移动能力的漂流生物，包括浮游植物和浮游动物。浮游植物是指在水体中浮游生活的小型藻类植物，在水生生态系统中具有重要意义，是水生生态系统中最重要的生产者。浮游植物个体小、生活周期短、繁殖快、容易受到环境变化的影响，可以在短时间内对环境变化作出响应，而且作为生物监测，其反映的结果是环境的综合变化。因此，浮游植物的相关指标是评价水质及河流健康的重要手段。

浮游动物营浮游生活，游泳能力微弱，不能远距离移动。浮游动物由原生动物、轮虫、枝足类、枝角类等组成，在河流生态系统生物链中属于消费者，具有承上启下的作用。许多种类的浮游动物是鱼、贝类的重要养料来源，有的种类如水母、海蜇等可作为人的食物。此外，还有不少种类对环境变化反应灵敏，可以作为水污染的指示生物，所以在水质调查过程中，浮游动物也是主要的研究对象之一。

②底栖动物。是指生活史的全部或大部分时间生活于水体底部的水生动物群，多为无脊椎动物，是一个庞杂的生态类群，按其尺寸，分为大型底栖动物、小型底栖动物。除定

居和活动生活的以外，栖息的形式多为固着于岩石等坚硬的基体上和埋没于泥沙等松软的基底中。此外，还有附着于植物或其他底栖动物体表的，以及栖息在潮间带的底栖种类。在摄食对象上，以悬浮物摄食和沉积物摄食居多。

多数底栖动物长期生活在底泥中，具有区域性强，迁移能力弱等特点，对环境污染及变化通常少有回避能力，其群落的破坏和重建需要相对较长的时间；多数种类个体较大，易于辨认；同时，不同种类底栖动物对环境条件的适应性及对污染等不利因素的耐受力和敏感程度不同。根据上述特点，利用底栖动物的种群结构、优势种类、数量等可以确切反映水体的质量状况。

底栖动物群落的结构和动态是理解水生生态系统现状和演变过程的关键所在。因此在水质评估中，底栖无脊椎动物是最广泛应用的指示生物，评价方法主要有类群丰富度、物种丰富度、多度、优质度、功能摄食群和经度地带性分布模式。

③着生生物(即周丛生物)。是指附于长期浸没于水中的各种基质(植物、动物、石头、人工)表面上的有机体群落。着生基质的不同性质也会影响周丛生物的群落组成。基质有植物的、动物的、树木的、石头的，相应的就有附植生物、附动生物、附树生物、附木生物和附石生物。它包括许多生物类别，如细菌、真菌、藻类、原生动物、轮虫、甲壳动物、线虫、寡毛虫类、软体动物、昆虫幼虫甚至鱼卵和幼鱼等。近年来，着生生物的研究日益受到重视，由于其固定生于一定位置，因而在流速较大的河流、水库中，它们对水质状况和变化的反映要比浮游生物好。

④大型水生植物。是生态学范畴上的类群，除小型藻类以外所有的水生植物类群、植物的一部分、全部永久地或一年中数月沉没于水中或漂浮于水面上的高等植物类群。包括种子植物、蕨类植物、苔藓植物中的水生类群和藻类植物中以假根着生的大型藻类，是不同分类群植物长期适应水环境而形成的趋同适应的表现型。一般将其按生活型分为挺水植物、浮叶植物(漂浮植物与根生浮叶植物)和沉水植物。挺水植物是以根或地下茎生于水体底泥中，植物体上部挺出水面的类别。这类植物体形比较高大，为了支撑上部的植物体，往往具有庞大的根系，并能借助中空的茎或叶柄向根和根状茎输送氧气。常见的种类有芦苇、千屈菜、香蒲等。漂浮植物指植物体完全漂浮于水面上的植物类群，为了适应水上漂浮生活，它们的根系大多退化成悬垂状，叶或茎具有发达的通气组织，一些种类还发育出专门的贮气结构(如凤眼莲膨大成葫芦状的叶柄)，这为整个植株漂浮在水面上提供了保障。常见种类有紫背萍、浮萍、凤眼莲、满江红等。根生浮叶植物指根或茎扎于底泥中，叶漂浮水面的类别。这类植物为了适应风浪，通常具有柔韧细长的叶柄或茎，常见的种类有菱、莲、荇菜等。沉水植物是指植物体完全沉于水气界面以下，根扎于底泥中或漂浮在

水中的类群。这类植物是严格意义上完全适应水生的高等植物类群。相比其他类群，由于沉没于水中，阳光的吸收和气体的交换是影响其生长的最大限制因素，其次还有水流的冲击。因此，该类植物体的通气组织特别发达，气腔大而多，有利于气体交换；叶片多细裂成丝状或条带状，以增加吸收阳光的表面积，也减少被水流冲破的风险；植物体呈绿色或褐色，以吸收射入水中较微弱的光线，常见的种类有狐尾藻、眼子菜、黑藻、伊乐藻等。

⑤珍稀水生生物。指在野外水体数量极少，或在野外水体仅见于一个地点的野生水生生物，这些珍稀水生生物容易灭绝，必须保护其种群与栖息地。濒危水生生物是指由于物种自身的原因或受到人类及其他外界生物活动或自然灾害的影响而有种群灭绝危险的野生水生生物物种。特有水生生物指分布范围小、数量少的野生水生生物。它们特指《中华人民共和国野生动物保护法》《中华人民共和国水生野生动物保护实施条例》和《濒危野生动植物种国际贸易公约》中所指的珍稀、濒危和特有的野生水生生物。

一些传统上为渔业所利用的经济水生生物或名贵水生生物，可能会由于过度捕捞、环境恶化以及人为活动对其生存条件的破坏等，成为需要法律保护的濒危种类。反过来讲，一些珍稀、濒危野生水生生物，如果得到有效保护，其资源量可能会恢复到能够重新被渔业生产利用的程度。但一般来说，物种一旦陷入濒危状态，再要恢复到原来的数量和规模是十分困难的。

(2)鱼类多样性指标。鱼类在各个空间尺度上对生境质量的变化比较敏感，而且具有迁移性，更是衡量栖息地连通性的理想指标。在时间尺度上，鱼类的生命历程记载了环境的变化过程。在渔业和水产养殖管理中，将鱼类当作水质的指标也有着悠久的历史。因此，通常根据鱼类群落的组成与分布、物种多度以及敏感种、耐受种、土著种和外来种等指标的变化，来评价水体生态系统的完整性。不同地区拥有不同的河流以及它们特有的鱼类群落。目前，鱼类多样性指数已被广泛应用于河流生态与环境基础科学研究、水资源管理等。

4. 群落结构

群落结构是指生物群落的外部形态或表相，它是群落中生物与生物之间、生物与环境之间相互作用的综合反映。一定水域中各种生物的聚合称为水生生物群落，水生生物群落的外貌主要取决于水的深度和水流特征。一个群落中的生物与生物之间、生物与环境之间都存在着复杂的相互关系，由这些相互关系决定的各种生物在时间上和空间上的配置状况，称为群落结构。群落结构的特征主要表现在种类组成、群落外貌、垂直结构和水平结构方面。群落的生物种类是群落结构的基础；群落的外貌和结构是群落中生物与生物之间、生物与环境之间相互关系的标志。群落中的各种生物对周围的生态环境都有一定的要求，周围环境起了变化，它们就会产生相应的反应，表现为群落中生物的种类和数量的增减，群落外貌、垂直结构和水平结构也随之发生变化。因此，水体污染必然引起水生生物群落结构的变化。研究这些变化，就可以评价水体的质量状况。

由于群落结构和生物多样性相同，也包括浮游生物，底栖生物，着生生物，大型水生植物，珍稀、濒危和特有水生生物，此处不再赘述。

二、水生态监测调查的主要方法

（一）现场调查与资料收集

(1)调查区域的气候、水文地质地貌特点及土壤类型和水土流失情况。

(2)调查区域的乡镇分布和工业(包括乡镇企业)布局、污染物的排放情况。

(3)调查区域内农业生产情况(农作物种类、产量，农药、化肥施用量，农畜、水产品种类、产量等)。

(4)调查区域内农用水源的分布、利用措施和变化，了解污染源分布、影响及水源污染情况。

(5)收集其他相关资料和图片，如土地利用现状图、土壤类型图、行政区划图、水系分布图等。

(6)将收集的背景资料加以分类整理，作为重要资料归档保存。

（二）监测点布设

1. 监测点布设原则

农用水源环境监测的布点原则要从水污染对农业生产的危害出发，突出重点，照顾一般。按污染分布和水系流向布点，“入水处多布，出水少布，重污染多布，轻污染少布”，把监测重点放在农业环境污染问题突出和对国家农业经济发展有重要意义的地方。同时在广大农业地区进行一些面上的定点监测，以发现新的污染问题。

2. 监测点布设方法

(1)灌溉渠系水源监测布点方法。

①对于面积仅几公顷至几十公顷直接引用污水灌溉的小灌区，可在灌区进水口布设监测点。

②在具备干、支、斗、毛渠的农田灌溉系统中，除干渠取水口设监测点，了解进入灌区水中污染物的初始浓度外，在适当的支渠起点处和干渠渠末处，以及农田退水处设置辅助监测点，以便了解污染物在干渠中的自净情况和农田退水对其他地表水的污染可能性。

(2)用于灌溉的地下水水源监测布点方法。在地下水取水井设置监测点，进行取样进行监测。

(3)影响农业地区的河流、湖泊、水库等水源监测布点方法。

①大江大河的水源监测已由国家水利和环保部门承担，一般可引用已有的监测资料。当河水被引用灌溉农田时，为了监测河水水质情况，至少应在灌溉渠首附近的河流断面设置一个监测点，进行常年定期监测。

②以农业灌溉和渔牧利用为主的小型河流，应根据利用情况，分段设置监测断面。在有污水流入的上游、清污混合处及其下游设置监测断面和在污水入口上方渠道中设置污水水质监测点，以了解进入灌溉渠的水质及污水对河流水质的影响。

③监测断面设置方法：对于常年宽度大于 30m、水深大于 5m 的河流，应在所定监测断面上分左、中、右 3 处设取样点，采样时应在水面下 0.3~0.5m 处和距河底 2m 处各采集一份水样分别测定；对于小于 5m 水深的河流，一般可在确定的采样断面中点处，在水面下 0.3~0.5m 处采一份水样即可。

④$10hm^2$ 以下的小型水面，如果没有污水沟渠流入，一般在水面中心设置一个取样断面，在水面下 0.3~0.5m 处取样即可代表该水源水质，如果有污水流入，还应在污水沟渠入口上方和污水流线消失处增设监测点。

⑤大于 $10hm^2$ 的中型和大型水面，可以根据水面污染实际情况，划分若干片，按上述方法设点。对于各个污水入口及取水灌溉的渠首附近水面，也按上述方法增设监测点。

⑥为了了解底泥对农田环境的影响，可以在水质监测点布设底泥采样点。

(4)污(废)水排放沟渠的监测布点。连续向农业地区排放污(废)水的沟渠，应在排放单位的总排污口处、污水沟渠的上中下游，各布设监测取样点，定期监测。

3. 布点注意事项

(1)选择河流断面位置应避开死水区，尽量在顺直河段、河床稳定、水流平稳、无急流处，并注意河岸变化情况。

(2)在任何情况下，都应在水体混匀处布点，应避免因河渠水流急剧变化搅动底部沉淀物，引起水质显著变化而失去样品代表性。

(3)在确定的采样点和岸边，选定或专门设置样点标志物，以保证各次水样取自同一位置。

（三）监测点数量

1. 灌溉渠系水质监测点数量

（1）对于面积仅为几公顷至几十公顷直接引用污水灌溉的小灌区，在灌区进水口布设1个基本监测点。

（2）在具备干、支、斗、毛渠的农田灌溉系统中，布设5个以上基本监测点。

2. 河流、湖泊、水库等水源监测点数量

（1）当河流用来引用灌溉农田时，在渠首附近设置一个断面。如有污水排入河段，在排污口上方污水渠布设一个监测点，并在污水入口的上游、清污混流处及下游河道各设置一个断面。

（2）$10hm^2$以下的小型水面，在水中心设置一个监测点，如有污水流入，在污水入口和污水流线消失处各布设一个监测点。

（3）大于$10hm^2$的中型和大型水面，布设5个以上的监测点，如有污水流入，在污水入口和污水流线消失处各布设一个监测点。

（四）样品的采集技术

1. 采样前的准备

（1）采样计划的制定。采样前应提出采样计划，确定采样点位、时间和路线、人员分工、采样器材等。

（2）容器的准备。

①容器材质的选择。水样在储存期间要求容器材质化学稳定性好，器壁不溶性杂质含量极低，器壁对被测成分吸附少且抗挤压的材料。采样容器材质应采用聚乙烯塑料和硬质玻璃（又称硼硅玻璃）。

②样品容器。装储水样要求用细口容器，封口塞材料要尽量与容器材质一致，塑料容器用塑料螺口盖，玻璃容器用玻璃口塞。测定有机物的水样容器不能用橡皮塞，碱性液体容器不能用玻璃塞。

硼硅玻璃容器：这类容器无色透明，便于观察样品及其变化，耐热性能良好，能耐强酸、强氧化剂及有机溶剂的腐蚀。

聚乙烯容器：这类容器耐冲击，便于运输和携带。在常温下不被浓盐酸、磷酸、氢氟酸及浓碱腐蚀，对许多试剂都很稳定，储存水样时对大多数金属离子很少吸附，但对铬酸根、硫化氢、碘有吸附作用，适用于储存大多数无机成分的样品，而不宜储存测定有机污染物的水样。

特殊样品容器：溶解氧应使用专门容器，测生化需氧量的样品并配有尖端玻璃塞，以减少空气吸附程度，在运输中要求采取特殊的密封措施。用于微生物监测的样品容器要求能够经受灭菌过程中的高温。

③容器的洗涤。采用聚乙烯或硬质玻璃容器装测水样时，通常是用洗涤剂清洗，用自来水冲洗干净，再用10%硝酸或盐酸浸泡8小时，用自来水冲洗干净，然后用蒸馏水漂洗3次；测铬水样的容器只能用10%硝酸泡洗，依次用自来水和蒸馏水漂洗干净；测总汞水样容器，用1∶3硝酸充分荡洗后放置数小时，然后依次用自来水和蒸馏水漂洗干净；测油类水样容器用广口玻璃瓶，按一般洗涤方法洗涤后，还要用石油醚萃取剂彻底荡洗3次。

(3)采样器的准备。采样器采用聚乙烯塑料水桶、单层采水器和有机玻璃采水器。

聚乙烯塑料水桶：适用于水体中表层水除溶解氧、油类、细菌学指标等特殊要求以外的大部分水质和水生生物监测项目的采集。

单层采水器：从表面水到较深的水体都可以使用，适用于大部分监测项目样品采集，油类、细菌学指标必须使用这类采样器。

有机玻璃采水器：该采水器桶内装有水银温度计，用途较广，除油类、细菌学指标以外，适用于水质、水生生物大部分监测项目的样品采集。

(4)现场采样物品准备。

①用于水质参数测定的仪器设备：pH计，溶解氧测定仪，电导仪，水温计，色度盘等。

②水文参数测量设备：流速测量仪等。

③样品运输物品：木箱，冰壶等。

④样品保存剂及玻璃量器：酸、碱等化学试剂，移液管，洗耳球等。

⑤各种表格、标签、记录纸、铅笔等小型用品。

⑥安全防护用品：工作服，雨衣，常用药品。

2. 采样方法

水样一般采集瞬时样。采集水样前应先用水样洗涤取样瓶和塞子2~3次。

(1)用于灌溉的地下水水源的采集方法。采取水样时，应先开机放水数分钟，使积留在管道中的杂质和陈旧水排出，然后取样。

(2)用于农田灌溉渠系水源的采集方法。一般灌渠采样可在渠边向渠中心采集，较浅的渠道和小河以及靠近岸边水浅的采样点也可涉水采样。采样时，采样者应站在下游，向上游用聚乙烯桶采集，避免搅动沉积物，防止水样污染。

(3)河流、湖泊、水库(塘)水源采集方法。在河流、湖泊、水库(塘)可以直接汲水的场地，可用适当的容器如聚乙烯桶采样。从桥上采集样品时，可将系着绳子的聚乙烯桶(或采样瓶)投入水中汲水。注意不能混入漂流于水面上的物质。

在河流、湖泊、水库(塘)不能直接汲水的场地，可乘坐船只采样。采样船定于采样点下游方向，避免船体污染水样和搅起水底沉积物。采样人应在船舷前部，尽量使采样器远离船体采样。

3. 采样要求

(1)采样前应尽量在现场测定水体的水文参数、物理化学参数和环境气象参数。

a. 水文参数主要有水宽、水深、流向、流速、流量、含沙量等。工作要求严格时(如计算污水量)应按《河流流量测验规范》测量，要求不严格时，可目测估计。

b. 物理化学参数主要有水温、pH 值、溶解氧、电导率和一些感观指标。

c. 气象参数主要有天气状况(雨雪等)、气温、气压、湿度、风向、风速等。

(2)采集水样后，在现场根据所测定项目要求，添加不同种类的保存剂，并使容器留 1/10 顶空(测溶解氧除外)，保证样品不外溢，然后盖好内外盖。

(3)多次采样时，断面横向和垂向点位的数目位置应完全准确，每次要尽量保持一致。

(4)采样人员应穿工作服，不应使用化妆品，现场分样和密封样品时不应吸烟；汽车应放在采样断面下风向 50m 以外处。

(5)特殊监测项目的采样要求。

a. pH 值、电导率：pH 值应现场测定，如条件有限，可实验室测定。测定的样品应使用密封性好的容器。由于水样不稳定，且不宜保存，采样器采集样品后应立即灌装。另外，在样品灌装时，应从采样瓶底部慢慢将样品容器完全充满并且紧密封严，以隔绝空气的作用。

b. 溶解氧、生化需氧量：溶解氧应现场测定，如条件有限，可实验室测定。应用碘量法测定水中溶解氧，水样需直接采集到样品瓶中。在采集水样时，要注意不使水样曝气或有气泡残存在采样瓶中，特别的采样器如直立式采水器和专用的溶解氧瓶，可防止曝气和残存气体对样品的干扰。如果使用有机玻璃采水器、球盖式采水器、颠倒采水器等，则必须防止搅动水体，入水应缓慢小心。

当样品不是用溶解氧瓶直接采集，而需要从采样器(或采样瓶)分装时，溶解氧样品必须最先采集，而且应在采样器从水中提出后立即进行。用乳胶管一端连接采水器，用虹吸法与采样瓶连接，乳胶管的另一端插入溶解氧瓶底。注入水样时，先慢速注至小半瓶，然后迅速充满，至溢流出瓶的水样达溶解氧瓶 1/3~1/2 容积时，在保持溢流状态下缓慢地撤出乳胶管。按顺序加入锰盐溶液和碱性碘化钾溶液。加入时需将移液管的尖端缓慢插入样品表面稍下处，慢慢注入试剂。小心盖好瓶塞，将样品瓶倒转 5~10 次，并尽快送实验室分析。

c. 悬浮物：测定用的水样在采集后，应尽快从采样器中放出样品，在装瓶的同时摇动采样器，防止悬浮物在采样器内沉降，非代表性的杂质如树叶、杆状物等应从样品中除去，灌装前样品容器和瓶盖用水样彻底冲洗。该类项目分析用样品都难于保存，所以采集后应尽快分析。

d. 重金属污染物、化学耗氧量：水体中的重金属污染物和部分有机污染物都易被悬浮物质吸附。特别在水体中悬浮物含量较高时，样品采集后，采样器的样品中所含的污染物随着悬浮物的下沉而沉降，因此，必须边摇动采样器(或采样瓶)边向样品容器灌装样品，以减少被测定物质的沉降，保证样品的代表性。

e. 油类：测定水中溶解的或乳化的油含量时，应该用单层采水器固定样品瓶，在水体中直接灌装，采样后迅速提出水面，保持一定的顶空体积，在现场用石油醚萃取。测定油类的样品容器禁止预先用水样冲洗。

f. 质控样品采样要求。

①现场空白样是指在现场以纯水作样品，按测定项目的采集方法和要求，与样品同等条件下瓶装、保存、运输，送交实验室分析的样品。

②现场平行样品是指在同等采样条件下，采集平行双样，送往实验室分析的样品。

③现场空白样和现场平行样品采样数量各控制在采样总数的 10%左右，或在每批采 2 个样品。

4. 采样深度

对宽度大于 30m、水较深的河流，在水面下 0. 3~0. 5m 处和距河底 2m 处分别采集样品。对于水深小于 5m 的河流，在水面下 0. 3~0. 5m 处采集样品。湖泊、水库(塘)在水面下 0. 3~0. 5m 处采集样品。

5. 采样量

水样的采样量由监测项目决定，实际采水量为实际用量的 3~5 倍。一般采集 50~2 000mL 即可达到要求。

6. 采样时间及频率

(1)根据当地主要灌溉作物用水时间，或视监测目的确定采样时间及频率。

a. 根据当地主要灌溉作物用水时间安排采样频率，一般要求各灌溉期至少取样1次。

b. 对于主要粮食作物小麦、水稻、玉米，在其生长发育期的各阶段采样频率如下。

①小麦：在播前水、越冬水、返青水、拔节水、抽穗水、灌浆水等时间内采样，重点是越冬水和返青拔节期。

②单季稻：在泡田、分蘖、拔节、灌浆期内采样，重点是分蘖、拔节期。双季稻：在5月中旬、6月下旬、8月上旬、9月下旬采样。

③玉米：在播前期、苗期拔节期、孕育期、灌浆期内采样，重点是拔节期和孕穗期。

(2)用作灌溉的河流、湖(库)等水源采样频率。每年分丰、枯、平三水期，每期采样1次，同时还要结合当地农作物情况，在集中灌溉期间补充1~2次采样。底泥每年采样1次。

(3)用于灌溉的地下水水源的采样频率。地下水水质一般较稳定，每年在主要灌溉期间取样1~2次。

(4)畜禽饮水水源的采样频率。如采样点与农田灌溉水质监测采样点相同，不必重复采样，仅在分析时相应增加有关项目即可，如采样点不同，每年按丰、枯、平三水期，至少各采样1次。

(5)用于水产品养殖水源的采样频率。如采样点与农田灌溉水质监测采样点相同，则不必重复采样，仅分析时相应增加有关项目即可；如采样点不同，每年按鱼虾类等水产品的苗期、生长期和捕捞期，至少各采样分析1次。

(6)污水排放沟渠水源的采样频率每年按旱季雨季各采样1次。

(7)污染事故等采样频率，如遇特殊情况(污染事故等)，应随时增加采样频率进行应急性监测，以了解污染状况。

7. 采样注意事项

(1)采样时保证采样点位置准确，不搅动底部沉积物。

(2)洁净的容器在装入水样之前，应先用该采样点水样冲洗2~3次，然后装入水样。

(3)待测溶解氧的水样应严格不接触空气，其他水样也应尽量少接触空气。

(4)采样结束前，应仔细检查采样记录和水样，若发现漏采或不符合规定者，应立即补采或重采。经检查确定准确无误方可离开现场。

(五)样品编号

(1)农用水源样品编号由类别代号、顺序号组成。

类别代号：用农用水源关键字中文拼音的1~2个大写字母表示，即“SH”表示农用水源样品。

顺序号：用阿拉伯数字表示不同地点采集的样品，样品编号从SH001号开始，一个顺序号为1个采样点采集的样品。

(2)对照点和背景点样，在编号后加“CK”。

(3)样品登记的编号。

样品运转的编号均与采集样品的编号一致，以防混淆。

(六)样品的运输

水样运输前必须逐个与采样记录和样品标签核对，核对无误后应将样品容器内外盖盖紧，装箱时应用泡沫塑料或波纹纸间隔，防止样品在运输中因震动、碰撞而导致破损或玷污；需冷藏的样品应配备专门的隔热容器，放入制冷剂，样品瓶置于其中保存；样品运输时必须配专人押送，水样送往实验分析时，接收者与运送者首先要核对样品，验明标志，确认无误时双方在样品登记表上签字。

三、水环境排放标准

(一)《污水综合排放标准》

《污水综合排放标准》是为了保证环境水体质量，对排放污水的一切企、事业单位所作的规定。这里可以是浓度控制，也可以是总量控制。前者执行方便；后者是基于受纳水体的实际功能，得到允许排放的总量，再予以分配的方法，它更科学，但实际执行起来较困难。发达国家大多采用排污许可证与行业排放标准相结合的方法，这是以总量控制为基础的双重控制，排污许可证规定了在有效期内向指定受纳水体排放限定污染物的种类和数量，实际是以总量为基础，而行业排放标准则是根据各行业特点所制定，符合生产实际。这种方法需要大量的基础研究为前提。例如，美国有超过100个行业排放标准，每个行业下还有很多子类。

我国由于基础工作尚有待完善，总体上采用按受纳水体的功能区类别分类规定排放标准值，重点行业执行行业排放标准，非重点行业执行《污水综合排放标准》，分时段、分级控制。部分地区也已将排污许可证与行业排放标准相结合，总体上逐步向国际接轨。

《污水综合排放标准》适用于排放污水的一切企、事业单位。按地表水域使用功能要求和污水排放去向，分别执行一、二、三级标准，对于保护区禁止新建排污口的情况，已有的排污口应按水体功能要求，实行污染物总量控制。

标准将排放的污染物按其性质及控制方式分为两类：

第一类污染物，不分行业和污水排放方式，也不分受纳水体的功能类别，在车间或车间处理设施排放口采样，其最高允许排放的限值必须符合表 2-2 的规定。第一类污染物是指能在环境或动、植物体内积累，对人体健康产生长远不良影响的污染物质。

表 2-2 第一类污染物最高允许排放浓度(单位：mg/L)

序号	污染物	最高允许排放浓度
1	总汞	0.05
2	烷基汞	不得检出
3	总镉	0.1
4	总铬	1.5
5	六价铬	0.5
6	总砷	0.5
7	总铅	1.0
8	总镍	1.0
9	苯并(a)芘	0.000 03
10	总铍	0.005
11	总银	0.5
12	总 α 放射性(Bq/L)	1
13	总 β 放射性(Bq/L)	10

第二类污染物，指长远影响小于第一类污染物的污染物质，在排污单位的排放口采样，其最高允许排放的限值按表 2-3 中的规定执行。

表 2-3 第二类污染物最高允许排放的限值

序号	污染物	适用范围	一级标准	二级标准	三级标准
1	pH 值	一切排污单位	6~9	6~9	6~9
2	色度(稀释倍数)	一切排污单位	50	80	—
3	悬浮物	采矿、选矿、选煤工业	70	300	—
		脉金选矿	70	400	—
		边远地区砂金选矿	70	800	—
		城镇二级污水处理厂	20	30	—
		其他排污单位	70	150	400

续表

序号	污染物	适用范围	一级标准	二级标准	三级标准
4	五日生化需氧量	甘蔗制糖、苎麻脱胶、湿法纤维板工业	20	60	600
		甜菜制糖、酒精、味精、皮革、化纤浆粕工业	20	100	600
		城镇二级污水处理厂	20	30	—
		其他排污单位	20	30	300
5	化学需氧量	甜菜制糖、焦化、合成脂肪酸、湿法纤维板、染料、洗毛、有机磷农药工业	100	200	1 000
		味精、酒精、医药原料药、生物制药、苎麻脱胶、皮革、化纤浆粕工业	100	300	1 000
		石油化工工业(包括石油炼制)	60	120	500
		城镇二级污水处理厂	60	120	—
		其他排污单位	100	150	500
6	石油类	一切排污单位	5	10	20
7	动植物油	一切排污单位	10	15	100
8	挥发酚	一切排污单位	0.5	0.5	2.0
9	总氰化合物	一切排污单位	0.5	0.5	1.0
10	悬浮物	一切排污单位	1.0	1.0	1.0
11	氨氮	医药原料药、染料、石油化工工业	15	50	—
		其他排污单位	15	25	—
12	氟化物	黄磷工业	10	15	20
		低氟地区(水体含氟量小于0.5mg/L)	10	20	30
		其他排污单位	10	10	20
13	磷酸盐(以P计)	一切排污单位	0.5	1.0	—
14	甲醛	一切排污单位	1.0	2.0	5.0
15	苯胺类	一切排污单位	1.0	2.0	5.0
16	硝基苯类	一切排污单位	2.0	3.0	5.0
17	阴离子表面活性剂(LAS)	一切排污单位	5.0	10	20
18	总铜	一切排污单位	0.5	1.0	2.0
19	总锌	一切排污单位	2.0	5.0	5.0
20	总锰	合成脂肪酸工业	2.0	5.0	5.0
		其他排污单位	2.0	2.0	5.0
21	彩色显影剂	电影洗片	1.0	2.0	3.0
22	显影剂及氧化物总量	电影洗片	3.0	3.0	6.0
23	元素磷	一切排污单位	0.1	0.1	0.3

续表

序号	污染物	适用范围	一级标准	二级标准	三级标准
24	有机磷农药（以 P 计）	一切排污单位	不得检出	0.5	0.5
25	乐果	一切排污单位	不得检出	1.0	2.0
26	对硫磷	一切排污单位	不得检出	1.0	2.0
27	甲基对硫磷	一切排污单位	不得检出	1.0	2.0
28	马拉硫磷	一切排污单位	不得检出	5.0	10
29	五氯酚及五氯酚钠（以五氯酚计）	一切排污单位	5.0	8.0	10
30	可吸附有机卤化物（以 CL 计）	一切排污单位	1.0	5.0	8.0
31	三氯甲烷	一切排污单位	0.3	0.6	1.0
32	四氯化碳	一切排污单位	0.03	0.06	0.5
33	三氯乙烯	一切排污单位	0.3	0.6	1.0
34	四氯乙烯	一切排污单位	0.1	0.2	0.5
35	苯	一切排污单位	0.1	0.2	0.5
36	甲苯	一切排污单位	0.1	0.2	0.5
37	乙苯	一切排污单位	0.4	0.6	1.0
38	邻二甲苯	一切排污单位	0.4	0.6	1.0
39	对二甲苯	一切排污单位	0.4	0.6	1.0
40	间二甲苯	一切排污单位	0.4	0.6	1.0
41	氯苯	一切排污单位	0.2	0.4	1.0
42	邻二氯苯	一切排污单位	0.4	0.6	1.0
43	对二氯苯	一切排污单位	0.4	0.6	1.0
44	对硝基氯苯	一切排污单位	0.5	1.0	5.0
45	24-二硝基氯苯	一切排污单位	0.5	1.0	5.0
46	苯酚	一切排污单位	0.3	0.4	1.0
47	间甲酚	一切排污单位	0.1	0.2	0.5
48	24-二氯酚	一切排污单位	0.6	0.8	1.0
49	246-三氯酚	一切排污单位	0.6	0.8	1.0
50	邻苯二甲酸二丁酯	一切排污单位	0.2	0.4	2.0
51	邻苯二甲酸二辛酯	一切排污单位	0.3	0.6	2.0
52	丙烯腈	一切排污单位	2.0	5.0	5.0
53	总硒	一切排污单位	0.1	0.2	0.5
54	粪大肠菌群（个/L）	医院、兽医院及医疗机构含病原体污水	500	1 000	5 000
		传染病、结核病医院污水	100	500	1 000

续表

序号	污染物	适用范围	一级标准	二级标准	三级标准
55	总余氯(采用氯化消毒的医院污水)	医院、兽医院及医疗机构含病原体污水	<0.5	>3（接触时间≥1h）	>2（接触时间≥1h）
		传染病、结核病医院污水	<0.5	>6.5（接触时间≥1.5h）	>5（接触时间≥1.5h）
56	总有机碳(TOC)	合成脂肪酸工业	20	40	—
		苎麻脱胶工业	20	60	—
		其他排放物单位	20	30	—

(二)《淡水养殖尾水排放标准(意见征求稿)》

为推进水产养殖绿色发展，对防控水产养殖尾水排放污染环境提供技术支撑，农业农村部渔业渔政管理局提出并组织对现行的《淡水池塘养殖水排放要求》和《海水养殖水排放要求》进行了修订。用《淡水养殖尾水排放要求》代替《淡水池塘养殖水排放要求》，见表2-4。

表2-4　淡水养殖尾水排放要求标准值

序号	项 目	一级标准	二级标准
1	悬浮物(mg/L)	≤50	≤50
2	pH值	6~9	
3	高锰酸盐指数(mg/L)	≤15	≤25
4	总磷(mg/L)	≤0.5	≤1.0
5	总氮(mg/L)	≤3.0	≤5.0

养殖尾水定义：在水产养殖过程中或养殖结束后，由养殖体系(包括养殖池塘、工厂化车间等)向自然水域排出的不再使用的养殖水。

按使用功能和保护目标，将淡水养殖尾水排放去向的淡水水域划分为三种水域：

1. 特殊保护水域

特殊保护水域指《地表水环境质量标准》中Ⅰ类、Ⅱ类水域，以及《养殖水域滩涂规划》编制工作规范中的禁养区，主要适合于源头水、国家自然保护区、集中式生活饮用水水源地一级保护区，以及国家级水产种质资源保护区核心区，在此区域禁止从事水产养殖，原有的养殖用水应循环使用，不得外排。

2. 重点保护水域

重点保护水域指《地表水环境质量标准》中的部分水域和《养殖水域滩涂规划》编制工作规范中的限养区，主要适合于集中式生活饮用水水源地二级保护区、自然保护区实验区和外围保护地带、国家级水产种质资源保护区实验区、风景名胜区，此区域从事水产养殖应采取污染防治措施，养殖尾水排放执行表 2-3 中的一级标准。

3. 一般水域

一般水域指《地表水环境质量标准》中Ⅱ类的部分水域、Ⅳ类和Ⅴ类水域，以及《养殖水域滩涂规划》编制工作规范中的养殖区，主要适合于水产养殖区、游泳区、工业用水区、人体非直接接触的娱乐用水区、农业用水区及一般景观要求水域，排入该水域的淡水池塘养殖水执行表 2-3 中的二级标准。

《淡水养殖尾水排放要求》主要控制指标是在考虑由于养殖过程中可能产生对环境造成不良影响的指标，即以氮、磷、有机物为主要控制指标。目前，我国淡水养殖基本已经从粗放式养殖转移到精养式养殖和半精养式养殖，养殖从业人员为了达到经济最大化，多数采用高密度、高投入、高产出的养殖方式。由于各地经济发达程度不同，投喂的饵料质量和利用率存在一定的差异，相对落后的地方淡水池塘养殖业者投喂的饵料加工相对要粗糙，饵料利用率低，对环境造成的影响相对要大，为了促进生长，养殖业者还会使用一些添加剂、促生长剂，这些对环境也会产生影响。除此之外，在养殖过程中养殖生物的病害防治还要使用各种消毒剂、抗生素等药物，这些也会对环境产生影响。在这些环境问题中，最主要的是养殖过程中由于投喂的饵料质量粗糙、利用率低，造成养殖排放水中有机物含量高，氮磷总量相应增加，引起水体富营养化。

(三)《农村生活污水排放标准》

农村生活污水处理排放标准的制定，要根据农村不同区位条件、村庄人口聚集程度、污水产生规模、排放去向和人居环境改善需求，按照分区分级、宽严相济、回用优先、注重实效、便于监管的原则，分类确定控制指标和排放限值。

目前，农村生活污水就近纳入城镇污水管网的，执行《污水排入城镇下水道水质标准》。500m^3/d 以上规模(含 500m^3/d)的农村生活污水处理设施可参照执行《城镇污水处理厂污染物排放标准》。农村生活污水处理排放标准原则上适用于处理规模在 500m^3/d 以下的农村生活污水处理设施污染物排放管理，暂时没有统一的标准，各地一般根据实际情况确定具体处理规模标准。

参考《城镇污水处理厂污染物排放标准》和《污水综合排放标准》的有关规定，将控制项目标准值分为一级标准、二级标准、三级标准，一级标准又分为A标准和B标准，见表2-5。

表2-5　农村生活污水排放要求标准值

序号	控制项目名称	一级标准		二级标准	三级标准
		A标准	B标准		
1	pH值	6~9			
2	色度（倍）	30	30	50	80
3	化学需氧量（mg/L）	50	60	100	150
4	生化需氧量（mg/L）	10	20	20	30
5	悬浮物	10	20	40	50
6	总氮（以N计，mg/L）	15	20	—	—
7	氨氮（mg/L）	5(8)	8(15)	15	25
8	总磷（以P计，mg/L）	0.5	1	—	—
9	阴离子表面活性剂（mg/L）	0.5	1	5	10
10	动植物油（mg/L）	1	3	10	15
11	粪大肠杆菌群数（个/L）	10^3	10^4	10^4	10^4

（1）排入国家、省确定的重点流域及湖泊、水库等封闭、半封闭水域，或引入稀释能力较小的河湖作为景观用水和一般回用水等用途，以及排水不能汇入地表水系时，执行一级标准的A标准。

（2）对于发达、较发达型农村，当出水排入《地表水环境质量标准》地表水Ⅱ类功能水域（划定的饮用水水源保护区和游泳区除外）、《海水水质标准》海水二类功能水域时，执行一级标准的B标准。

（3）对于欠发达型农村，当出水排入《地表水环境质量标准》地表水Ⅲ类功能水域（划定的饮用水水源保护区和游泳区除外）、《海水水质标准》海水二类功能水域时，执行二级标准。

（4）当出水排入《地表水环境质量标准》地表水Ⅳ、Ⅴ类功能水域或《海水水质标准》海水三、四类功能海域时，执行三级标准。

四、水生态评价方法

水资源质量评价是水资源评价的重要组成部分，也是水生态评价的重要组成部分。合理的水资源质量评价体系，对了解区域水资源质量现状、揭示水环境演变时空规律、分析水污染发展态势、诊断水环境问题、确定合理的水环境承载能力、制定水资源保护规划方案，具有不可替代的作用。

（一）生物学评价方法

目前，美国和欧盟的湖库生态系统健康评价多采用生物学评价方法，即通过选择本地区未受人类活动影响的天然水体作为参照湖库，利用被评价水体的水生生物(如浮游动物、浮游植物、底栖动物、鱼类等)、理化指标以及水文地貌等要素进行评价，基本特征见表2-6。

表2-6　河湖水生生态系统健康评价等级与基本特征

评价等级	基本特征
健康 （Ⅰ~Ⅱ级）	1. 集水区(流域)和湖滨带植被覆盖度高，无点源污染，面源污染得到有效控制，湖区内有一定数量的水生植物群落分布，能保持生态持水量 2. 水体透明度高，水清澈，无异味，夏秋季水面无水华 3. 水面可见有一定数量活动的鱼类，种类较多 4. 水体周围及水中可见两栖动物活动、繁殖 5. 有相当数量的鸟类活动，包括游禽(绿头鸭等)和涉禽(池鹭、白鹭、鹬类等)且有一定数量，比较常见。繁殖期可见到幼鸟活动
亚健康 （Ⅲ级）	1. 集水区(流域)和湖滨带植被已受到一定程度的破坏，点源、面源污染未得到有效控制，湖区内沉水植物群落少，不能保持生态持水量 2. 水体透明度低，水浑浊，颜色微绿，微有异味，水面有少量沫状漂浮物 3. 水面可以见到鱼类活动，但数量不多，种类较少 4. 只有岸边可以见到两栖动物活动，繁殖期无繁殖个体和幼体或蝌蚪 5. 水面和岸边可以见到有游禽或涉禽活动，数量不多
不健康 （Ⅳ级）	1. 集水区(流域)和湖滨带植被被严重破坏，点源或面源污染较重，湖区内水生植物缺乏(或面积很大且疯长)，不能保持生态持水量 2. 水体透明度差，水浑浊，呈浓绿色、蓝绿色或褐色，夏秋季藻类生长旺盛，异味大，有大面积水华 3. 水面很少见到鱼类活动，鱼类主要以底层活动为主 4. 无任何两栖动物活动 5. 水面或岸边偶见鸟类活动，繁殖期无幼鸟活动

对水文地貌、理化指标及水生生物要素三大水生态监测要素的各项因子单独进行评价分类，按照“从劣不从优”的原则确定最终水生态健康状态。

（二）模糊综合评价法

模糊综合评价法的基本思路：由监测数据确立各因子指标对各级标准的隶属度集，形成隶属度矩阵，再把因子的权重集与隶属度矩阵相乘，得到综合评判集，表明评价水体水质对各级标准水质的隶属程度，其中值最大的元素所对应的类别即为水体评价类别。

（三）水质综合污染指数法

水质综合污染指数法是用水体各监测项目的监测结果与其评价标准之比作为该项目的污染分指数，然后通过各种数学手段将各项目的分指数综合，从而得到该水体的污染指数，以此代表水体的污染程度，以及进行不同水体或同一条河流不同时期的水质比较。对分指数的处理不同，使水质评价污染指数存在着不同的形式，包括简单叠加指数、算术平均值指数、最大值指数、加权平均指数、混合加权模式等。

（四）灰色系统理论法

灰色系统理论应用于水质综合评价中的基本思路是：计算水体水质中各因子的实测浓度与各级水质标准的关联度，根据关联度大小确定水体水质的级别。灰色系统理论进行水质综合评价的方法主要有灰色关联评价法、灰色聚类法、灰色贴近度分析法、灰色决策评价法等。

（五）单因子指数法

单因子指数法是在所有参与综合水质评价的水质指标中，用最差的水质单项指标所属类别来确定水体综合水质类别，即用水质监测结果对照相关分类标准以确定其水质类别。

单因子评价法是《水资源保护规划技术大纲》中推荐的方法。《地表水环境质量标准》中明确规定：“地表水环境质量评价应根据应实现的水域功能类别，选取相应类别标准，进行单因子评价。”单因子评价指用水体中感观性、毒性和生物学等单因子的监测结果对照各自类别的评价标准，确定各项目的水质类别，在所有项目水质类别中选取水质最差类别作为水体水质类别。

该方法是操作最为简单的一种水质综合评价方法，目前使用较多，可直接了解水质状况与评价标准之间的关系。单因子评价法对水体水质从严要求，能够确保水体安全。但有时会由于要求过于严格，把水域使用功能评价得偏低，而且各评价参数之间互不联系，不能全面反映水体污染的综合情况。

（六）人工神经网络法

人工神经网络是一种由大量处理单元组成的非线性自适应的系统。应用人工神经网络进行水质评价，首先将水质标准作为“学习样本”，经过自适应、自组织的多次训练后，网络具有了对学习样本的记忆联想能力，然后将实测资料输入网络系统，由已掌握知识信息的网络对它们进行评价。这个过程类似于人脑的思维过程，因此可模拟人脑解决具有模糊性和不确定性的问题。

（七）生物学指标在水质评价中的应用

目前，水质评价过程中往往利用大型水生植物、底栖大型无脊椎动物、鱼类等，以各类群在群落中所占比例作为水体污染的评价指标。随着近些年生物学理论和技术的快速发展，生物的生理生化指标（生物标记物）在水质评价中逐渐发挥重要的作用。

1. 生物标记物评价方法

生物标志物作为一种新的技术，被应用于水体的污染监测。生物标志以研究污染物作用下生物体内各种生化和生理指标的变化为特征，是可衡量的环境污染物的暴露及效应的生物反应，包含的生物层次极为广泛，覆盖从生物分子到细胞器、细胞、组织、器官、个体、群体、群落直至生态系统的所有层次，是最完整和最综合的生物监测。

生物标志物可分为两类：一类是暴露生物标志物，仅指由污染物引起的生物体的变化，重在变化；另一类是效应生物标志物，指的是污染物对生物体的不利效应，重在效应。生物标志物具有特异性、警示性和广泛性，可以反映污染物的累积作用，确定污染物与生物效应之间的因果关系，揭示污染物的暴露特征，更具备现场应用性等。指示水体污染的主要生物标志物包括细胞色素 P4501A1、金属硫蛋白（MT）、DNA 加合物等。

2. 藻类生物评价方法

国外通过大量的研究，以硅藻作为指示生物，建立了硅藻群落对数正态分布曲线。从曲线上可以看出，未受污染时，水体中的种群数量多，个体数目相对较少；但如果水体受到污染，则敏感种类减少，污染种类个体数量大增，形成优势种。一般而言，绿藻和蓝藻数量增多，甲藻、黄藻和金藻数量减少，反映水体被污染；而绿藻和蓝藻数量下降，甲藻、黄藻和金藻数量增加，则反映水质趋于好转。

3. 大肠杆菌生物评价方法

《生活饮用水卫生标准》规定：总大肠菌群数不得检出，菌落总数≤100CFU/mL。CFU

是指在活菌培养计数时，由单个菌体或聚集成团的多个菌体在固体培养基上生长繁殖所形成的集落，称为菌落形成单位，以其表达活菌的数量。《地表水环境质量标准》规定：Ⅰ类水，粪大肠菌群数≤200 个/L；Ⅱ类水，粪大肠菌群数≤2 000 个/L；Ⅲ类水，粪大肠菌群数(10 000 个/L)。

4. 寡毛类生物评价方法

寡毛类生物评价方法是利用寡毛类生物对水体有机污染的反应，或利用水体中寡毛类种群优势的差异反映水体有机污染程度。当水体中有仙女虫科动物存在时，可认为该水体未受到有机污染，水体清洁或轻度污染；当水体中寡毛类以尾鳃蚓为优势种群，偶有颤蚓或水丝蚓出现时，可认为该水体处于中等程度的有机污染；当水体中寡毛类颤蚓的丰度极高并伴有水丝蚓出现时，可认为该水体处于重度有机污染状态，达到富营养化程度；当水体中仅有霍甫水丝蚓出现且丰度高时，可认为该水体受到严重的有机污染或农药污染，已接近水生生物绝迹的边缘。

中华颤蚓能忍受高度缺氧条件，多生活在有机物丰富的淤泥中，富营养化水体中数量极多，是严重有机污染的指示种。因此，普遍采用该种生物单位面积生物量来衡量水质有机污染程度。用单位面积颤蚓类数量作为水质污染指标，在底质为淤泥的条件下，颤蚓少于 100 条/m^2，扁蜉幼虫 100 个以上时，为未受污染的水体；颤蚓类个体 100 条/m^2 以上、1 000 条/m^2 以下时，为轻污染；颤蚓类个体 1 000 条/m^2 以上、5 000 条/m^2 以下时，为中等污染；颤蚓类个体数量 5 000 条/m^2 以上时，为严重污染。也可以采用 Goodnight 污染指数评价水体污染程度。Goodnight 污染指数即颤蚓类个体数量占整个底栖动物数量的百分比。Goodnight 污染指数大于 80%，表明水体存在严重的有机污染或工业污染；Goodnight 污染指数低于 60%，表明水质情况良好。

第三章

水生态系统评估分析

第一节　水生态系统健康评价与服务价值评估

一、水生态系统健康评价

（一）生物学评价

1. 指示生物类群评价

指示物种评价法比较适用于一些自然生态系统的健康评价，生态系统在没有外界胁迫的条件下，通过自然演替为这些指示物种造就了适宜的生境，致使这些指示物种与生态系统趋于和谐的稳定发展状态。当生态系统受到外界胁迫后，生态系统的结构和功能受到影响，这些指示物种的适宜生境受到胁迫（或破坏），指示物种结构功能指标将产生明显变化。通过指示物种的数量、生物量、生产力、结构指标、功能指标及其一些生理生态指标的变化程度来描述生态系统的健康状况。

2. 群落学指标评价

近来，通过对海洋等生态系统健康的研究，一些学者提出一个客观评价生态系统健康的度量指多样性—丰度关系。健康的生态系统中，多样性—丰度关系可以用对数正态分布表征。这种分布里中等丰度的物种最多，常见的和稀有的物种都较少。对数正态分布是抽样的统计特征，且具有生态学的有效性。在恶劣条件下，多样性—丰度格局常常变化且不再表现为对数正态分布。一个群落的多样性和丰度分布偏离对数正态分布越远，群落或其所在的生态系统就越不健康。

将偏离对数正态分布用于评价生态系统健康，必须以物种多样性和样本足够大为前提，通过仔细选择生态系统中的功能团，仍可用多样性—丰度的对数正态分布来度量生态系统健康。对数正态分布为生态系统健康测定提供了一个有价值的尺度，它说明在生态学上生态系统健康的客观可测定性。多样性—丰度的对数正态关系是基于生态学原理并已显示出作为评价生态系统健康的潜在的强有力工具，但仍需进行更广泛和深入的检验以确定其是否具有普遍价值。

3. 生物完整性指数法评价

生物完整性指数主要是从生物集合群(Assemblages)的组成成分(多样性)和结构两个方面反映生态系统的健康状况，是目前水生态系统健康研究中应用最广泛的指标之一。生物完整性指数(Index of Biologieal Integrity，IBI)用多个生物参数综合反映水体的生物学状况，从而评价河流乃至整个流域的健康。每个生物参数都对一类或几类干扰反应敏感，但各参数反映水体受干扰后的敏感程度及范围不同，单独一个生物参数并不能准确和完全地反映水体健康状况和受干扰的强度。因此，若同时用两个以上参数共同评价水体健康时，就可以比较准确地反映干扰强度与水体健康的关系。

一个好的生物完整性指数应该能很好地反映水生态系统的健康状况、何种人类活动会对水生态系统健康产生影响、这些活动是如何影响水生态系统对人类的服务价值以及什么样的政策和生态恢复措施有利于生态系统的健康。这也是未来 IBI 水生态系统健康评价研究的重点和迫切需要解决的关键。

(二)灰色关联评价

灰色关联评价法是用灰色系统的方法来评价河流水体状况。由于在水环境质量及水生态健康评价中所获得的数据总是在有限的时间和空间范围内监测所得，所提供的信息不完全或不确切，因此水域可以说是一个灰色系统，即部分信息已知，部分信息未知或不确切，可以用灰色系统的原理来进行综合评价。灰色关联评价方法是以断面水体中各因子的实测浓度组成实际序列，各因子的标准浓度组成理想序列，不同标准级别组成的不同理想序列，使用灰色关联度分析法计算实际序列与各理想序列的关联度，最后按照关联度的大小确定综合水质的级别，其中关联度越高，就说明该样本序列越贴近参照级别，此为单断面水质综合评价的灰关联评价法；把灰色关联度评价法应用于研究具有多断面的区域水环境质量评价问题，就得到了区域水质综合评价的灰关联分析法。

（三）模糊评价

应用模糊数学进行水生态系统评价时，对一个断面只需要一个由P项因子指标组成的实测样本，由实测值建立各因子指标对各级标准的隶属度集。如果标准级别为Q级，则构成P×Q的隶属度矩阵，再把因子的权重集与隶属度矩阵进行模糊积，从而获得一个综合判集，表明断面水体对各级标准水体的隶属程度，反映了综合水生态健康状况的模糊性。

从理论上讲，模糊评价法由于体现了水环境中客观存在的模糊性和不确定性，符合客观规律，具有一定的合理性。但是，从目前的研究情况来看，由于在模糊综合评价中，一般采用线性加权平均模型得到评判集，使评判结果易出现失真、失效、均化、跳跃等现象，存在水质类别判断不准确或者结果不可比的问题，而且评价过程复杂，可操作性差。因此，在应用模糊理论进行水生态系统健康评价方面还需进一步研究，研究的关键性问题是解决权重合理分配和可比性。

二、水生态系统服务价值评估

（一）水的生态系统服务的内涵与分类

1. 水的生态系统服务的内涵

水的生态系统服务是生态系统服务重要组成部分，基于学者对于生态系统服务的定义，可以将水的生态系统服务定义为：水在水生生态系统与陆生生态系统中通过一定的生态过程来实现的对人类有益的所有效应集合。

根据上述定义，从对象、载体、实现途径和最终对人类的效应4个方面而言，水的生态系统服务具有以下特点。

（1）水的生态系统服务是针对人类的需求而言的。服务是对人类的服务，人类是水的生态系统服务的享用者。人类需求主要包括物质需求、精神需求和生态需求3个层次。人类对水的生态系统物质需求主要包括生产及生活用水、各种水产品等；人类对水的生态系统精神需求包括对知识的需求、美的需求、文化的需求等；人类对水的生态系统生态需求包括健康舒适的大气环境、水环境以及丰富的生物资源等。

(2)从产生的载体上看，水的生态系统服务来自由无机环境资源和生物环境资源，服务产生的载体变化，那么服务的内涵将会随之而变。水量及水质的变化都影响着水的生态系统服务的种类和质量。例如，河流生态系统中由于上游水量不断递减，使得河道缩短并逐渐干涸，引起原来沿河岸分布的河岸林逐渐退化，导致景观格局改变。

(3)水的生态系统服务实现途径包括两方面：一是水的基本生态服务，是由水的生物理化特性及其伴生过程提供的服务；二是水的生态经济服务，是由水产生的生态经济效益的服务类型。气候调节服务、氧气生产服务、空气净化服务、泥沙推移服务、荒漠化控制服务、保护生物多样性服务、初级生产服务、提供生境服务、水资源调蓄服务的实现主要决定于水体自身的结构和功能。这 9 项服务的产生过程即是它们的实现过程，它们的实现不依赖于人类的社会经济活动，属于水体自身的功能和效用。其余各项服务的实现必须要有人类的社会经济活动参与，如渔业产品生产服务必须要有人类渔业经济活动的参与生产及生活用水供给服务必须要有大规模工业生产和其他生产性活动；水力发电服务需要通过人类加工产生生态经济效益；水体自净服务是针对人类社会生活、生产所产生的各种排水污染物而言的；休闲娱乐服务需要人们来体验和消费；离开人类社会，精神文化服务、教育科研服务便失去了存在的载体。

(4)从最终对人类的效应上看，水的生态系统服务表达的是对人类有益的正效应。因为水具有利弊共存性、分配差异性及可溶性等性质，使水除具有正效应外，还具有对人类环境不利的负效应。水的负效应是指水在社会、经济、环境中能够给人类带来的危害效应，如水灾、水患和水污染等。因此这里所说的水的生态系统服务是水的有利效应或正效应。

2. 水的生态系统服务的分类

对水的生态系统服务进行科学分类，是开展水的生态系统服务价值评估的理论基础。水的生态系统服务种类众多，通过文献分析发现，不同学者对生态系统服务类型的划分不相同。目前对于水的生态系统服务和价值评估尚没有统一、公认的分类标准和方法。参考前人关于生态系统服务的分类体系以及 MA 的分类体系，并根据水的生态系统服务效用的表现形式，这里将水的生态系统服务划分为供给服务、调节服务和美学服务 3 大类 16 项。其中供给服务是指水生态系统为人类生产生活所提供的基本物质，一般包括生产及生活用水、水力发电、渔业产品 3 项；生态系统通过一系列生态过程实现水的调节服务，这些调节服务包括气候调节、氧气生产、空气净化、泥沙推移、荒漠化控制、水体自净、保护生物多样性、初级生产、提供生境、水资源调蓄 10 项；美学服务是水的生态系统服务的整体表现，是通过丰富精神生活、发展认知、大脑思考、消遣娱乐和美学欣赏等方式，而使人类从水生态系统获得的非物质收益，包括旅游娱乐、文化用途、知识扩展服务3项。

（二）水的生态系统服务价值评估理论与方法

1. 水的生态系统服务价值构成

水的生态系统服务价值是水生态系统及其生态过程所形成的对人类的满足程度，水的生态系统服务价值不仅在于它对工业、农业、电力等基础产业的天然贡献，更在于它的有用性和稀缺性使其自身蕴含着潜在价值，包括利用价值和非利用价值。

（1）利用价值。水的生态服务的利用价值包括直接利用价值、间接利用价值和选择价值。直接利用价值主要是指人们为满足消耗性目的或者非消耗性目的而直接利用的价值。水可以作为生产要素进入人类的生产活动，满足工业、农业、居民生活等要求，体现的是直接使用价值，如所蓄之水用于工业用水、生活用水以及水力发电等，其服务价值由水量和水质决定。间接利用价值是指水被用作生产人们使用的最终产品和服务的中间投入。水对维持人类生存与发展所依赖的生态环境条件具有间接的促进作用。水对生态系统正常运转需求的满足程度与作用就是水的生态系统服务的间接利用价值，如水体自净、荒漠化控制，以及供给清新空气和洁净水从而降低健康风险。间接利用价值是一个发展的动态概念，它随着社会发展水平和人民生活水平的不断提高而逐渐显现并增加起来，即其间接利用价值的大小取决于不同发展阶段人们对水的生态系统服务功能的认识水平，重视程度和为之进行支付的意愿。选择价值是一种潜在利用价值，它是人们为了将来能被自己，或者被子孙后代，或者被他人直接与间接利用某种服务的支付意愿。

（2）非利用价值。非利用价值是独立于人们对水的生态服务现期利用的价值，是与子孙后代将来利用有关的水的生态服务经济价值以及与人类利用无关的水的生态服务经济价值，包括遗产价值和存在价值。其中存在价值又被称为非使用价值，指水固有的不可被替代的内在价值，它可以满足人类未来潜在的需求。同时水本身具有文化教育功能。在人类文明发展历史中，积淀了极为丰富的水文化内涵，一条江河养育一个民族，繁衍一种人类文明，与水有关的风俗习惯、涉水的休闲方式的演变等本身就是一种文化。另外，自然之物的水赋予灵性，可以为文学、艺术创作提供丰富的灵感源泉。

2. 水的生态系统服务价值评估方法

水的生态系统服务价值评估的目的主要是将水生态和水环境问题纳入到现行市场体系和经济体制中，并结合政府政策协调人与水的关系。近年来，国内外学者对生态系统服务价值的评估方法进行了大量的研究，其中，具有代表性的有，Mitchell 等提出的环境价值评估方法，基于生态经济学、环境经济学和资源经济学的研究成果提出的替代市场技术和模拟市场技术评估方法。水的生态系统服务价值评估的方法大多借鉴生态系统服务价值的评估方法，目前其主要的评估方法可分为 3 类。第一类是常规市场评估法，包括市场价值法、替代成本法、机会成本法、影子工程法、人力资本法、防护和恢复费用法等；第二类是替代市场评估法，包括旅行费用法等；第三类是模拟市场价值法，包括条件价值法。3 类评估方法均有其适用的范围，常规市场评估法适用于有市场价格的水的生态系统服务功能的价值评估，替代市场评估法适用于没有直接的市场交易和市场价格服务，但具有这些服务的替代品的市场价格水的生态系统服务功能的价值评估，模拟市场价值法适用于没有市场交易和实际市场价格水的生态系统服务功能的价值评估。

对每一种水的生态服务评估方法的选择要依据水的生态服务的特点、评估方法的适用范围以及数据的可获得性来确定。由于各种方法均存在着或多或少的不足或制约因素，考虑到每种方法的优缺点，对同一种服务，应采取多种方法计算，选取最实用的方法。

第二节　湖泊生态安全调查与评估技术

一、湖泊生态安全调查

这里涉及的调查内容主要包括湖泊流域人类活动影响、湖泊生态系统健康状态、湖泊生态服务功能和人类活动的调控管理 4 个方面，同时还应包括湖泊及其流域的基本信息。

具体湖泊可根据自身的特点进行相应调整。

（一）湖泊基本信息调查

湖泊基本信息调查主要包括湖泊水面面积、湖泊容积、出/入湖水量、多年平均蓄水量、多年平均水深及其变化范围、补给系数、换水周期、流域的地理位置、所涉及县（市）及其乡镇面积、流域的土地利用状况、水资源概况以及湖泊的主要服务功能。

湖泊及其流域的基本信息调查还应包括流域的行政区划图、数字高程图、水系图、地表水环境功能区划图、植被分布图、土地利用类型图、主要水利工程位置图等图册资料。

（二）湖泊流域人类活动影响调查

流域人类的社会经济活动是影响水质较好湖泊生态环境状况的关键所在。流域经济、社会的快速发展增加了流域污染排放，对湖泊生态环境的变化具有直接驱动力和压力。湖泊流域人类活动影响调查内容包括：

1. 社会发展和经济调查

（1）社会发展。调查指标包括基准年及其以后每年的流域人口结构及变化情况，包括自然增长率、流域人口总数、常住人口、流动人口、城镇人口、非农业人口数量等。

（2）经济增长。调查指标包括方案基准年及以后每年的流域经济发展情况，包括流域内国内生产总值（以下称 GDP）、GDP 增长率、人均年收入、产业结构等。

2. 湖泊流域污染源调查

（1）点源污染调查。点源污染调查包括城镇工业废水、城镇生活源以及规模化养殖等。

（2）面源污染调查。这里规定的面源污染调查主要包括农村生活垃圾和生活污水状况调查、种植业污染状况调查、畜禽散养调查、水土流失污染调查、湖面干湿沉降污染负荷调查及旅游污染、城镇径流等其他面源污染负荷调查。有条件的，可以结合典型调查、前期工作积累、各类研究经验，确定适宜的参数。

（3）内源污染调查。明确湖泊内源污染的主要来源，例如，湖内航运、水产养殖、底泥释放、生物残体（蓝藻及水生植物残体等）等，分析内源污染负荷情况。

（4）湖泊流域污染调查汇总。汇总流域内各个县市的污染物排放表格，绘制流域污染负荷产生量、入河/入湖量表格，并注明年份。湖泊流域污染物入湖量主要来自地表径流和湖面干湿沉降等途径，其计算方法为产生量与入河/湖系数的乘积。入河/湖系数可参考各地区已有规划、文献等相关资料有条件者可通过实地测量来计算进入湖泊的污染物通量。

3. 湖库主要入湖河流污染调查

湖泊主要入湖河流调查主要包括水文参数和水质参数两个方面。水文参数包括流量、流速等；水质参数包括溶解氧（DO）、pH、总氮（TN）、总磷（TP）、COD、高锰酸盐指数、氨氮、悬浮物（SS）等指标。

（三）湖泊流域生态系统状态调查

1. 水质调查

水质调查共涉及采样点数量、采样点布设方法、采样频率和分析测试指标 4 个方面。

采样点应尽量覆盖整个湖体。采样频率除特殊情况下(如冰封)应每月一次。分析测试指标参考《地表水环境质量标准》和营养状态评估指标。该技术指南着重关注 DO、TN、TP、高锰酸盐指数、氨氮、透明度(SD)、SS、叶绿素 a 等富营养化指标以及 Pb、Hg 等重金属指标，同时各湖泊可根据流域特点增补相应指标，如矿化度、浊度等。

2. 沉积物和间隙水调查

沉积物和间隙水调查点位可根据水质调查点位进行设定。水质较好的湖泊应考虑沉积物背景值的调查，沉积物的分析测试指标包括粒径、含水率、容重、pH、TN、TP、有机质(OM)、镉(Cd)、铬(Cr)、铜(Cu)、锌(Zn)、铅(Pb)、汞(Hg)、砷(As)和镍(Ni)等；间隙水调查指标主要涉及与内源释放相关的氨氮、无机磷、镉(Cd)、铬(Cr)、铜(Cu)、锌(Zn)、铅(Pb)、汞(Hg)、砷(As)和镍(Ni)等。同时应考虑根据湖泊流域典型污染特征和地质背景特点来补充相应的调查指标。采样频率除特殊情况下(如冰封)应每季度一次。

3. 水生态调查

水生态调查重点关注浮游植物、浮游动物、底栖生物、大型水生维管束植物，有条件者还可调查鱼类。主要测定指标为生物量、优势种、多样性指数、完整性指数。采样频率除特殊情况下(如冰封)应每季度一次。

(四)湖泊流域生态服务功能调查

包括饮用水水源地功能、栖息地功能、对污染负荷的拦截净化功能、水产品供给、人文景观功能等。

1. 饮用水水源地水质达标率调查

我国《地表水环境质量标准》对集中式生活饮用水地表水源地规定了 24 项基本指标，5 项补充指标，以及 80 项特定指标(特定指标由县级以上人民政府环境保护行政主管部门选择确定)。同时，在湖泊富营养化对于饮用水源地服务功能的影响方面，藻毒素和异味是典型的、影响大的、能很好地表征湖泊富营养化对于饮用水源地服务功能影响的两个指标。

饮用水源地水质达标率调查向当地环境监测部门获取，无现成资料或者没有条件者可着重考虑对水体颜色、DO、藻毒素、Pb、氨氮、高锰酸盐指数、异味物质、挥发酚(以苯酚计)、BOD_5、TP、TN、Hg、氰化物、硫化物、粪大肠杆菌 15 个指标进行监测。

2. 栖息地功能调查

湖泊是野生动植物、鱼类及候鸟等生物的栖息地，对维持生物多样性具有重要作用。栖息地功能调查主要包括鱼类种类数、天然湿地的面积，候鸟种类及数量等，同时应考虑外来入侵物种的调查。

3. 湖滨带、消落带拦截功能调查

湖滨带可以吸收、分解和沉淀多种污染物和营养盐，对面源污染物有净化和截留效应，是污染负荷进入湖泊的最后一道屏障。消落带指库区被淹没土地周期性暴露于水面之上的区域。湖滨带、消落带拦截净化功能调查主要为其现状情况调查，指标包括湖滨缓冲区、消落带的长度、宽度，湖体周长，天然湖滨区面积，人工恢复面积等。

4. 景观和水产品供给调查

湖泊是由湖盆、湖水及水中所含的矿物质、有机质和生物等所组成的。湖泊景观特点以不同的地貌类型为存在背景，具有美学和文化特征。湖泊景观和水产品供给调查的指标主要包括：旅游业总产值、水产品产量、自然保护区、珍稀濒危动植物的天然集中分布等指标。

（五）湖泊流域生态环境保护调控管理措施调查

1. 资金投入

江河湖泊生态环境保护总体实施方案（以下简称方案）基准年及方案规划期间流域内每年的环保资金投入情况，包括中央财政投入、地方财政及社会投入 2 个方面。

2. 污染治理

方案基准年及方案规划期间每年的污染治理情况，主要指标为工业企业废水稳定达标率、城镇生活污水集中处理率、环湖农村生活污水集中处理率、农村生活垃圾收集处理率以及农村畜禽粪便综合利用率等。

3. 产业结构调整

方案基准年及方案规划期间湖泊流域的产业结构调整情况，主要指标为工业万元增加值用水量情况，第一、二、三产业生产总值情况等。

4. 生态建设

方案基准年及方案规划期间每年湖泊流域内天然湿地恢复面积、森林覆盖率等。

5. 监管能力

方案基准年及方案规划期间每年湖泊流域内监管能力，主要指标可包括是否满足饮用水源地规范化建设、是否满足环境监测能力、是否满足环境监察标准化建设能力及生态环境管理的科技支撑能力等。

6. 长效机制

主要包括湖泊流域内法律、法规、政策的制定情况，流域内是否有统一监管机构，市场化的长期投融资制度的制定情况等。

二、湖泊生态安全评估

该评估技术指南涉及的湖泊生态安全评估内容主要包括流域社会经济活动对湖泊生态的影响、湖泊水生态系统健康、湖泊生态服务功能、人类的“反馈”措施对社会经济发展的调控及湖泊水质水生态的改善作用 4 个方面。根据该扩展的“驱动力—压力—状态—影响—响应”(DPSIR)评估模型，构建评估指标体系，计算指标权重和各层次的值，最终得出湖泊整体或各功能分区的湖泊生态安全指数(ESI)，评估湖泊生态安全相对标准状态的偏离程度。湖泊生态安全评估可系统、全面地诊断湖泊生态安全存在的问题，为湖泊生态环境保护提供理论依据和技术支持。

(一)概念模型

生态安全评估以湖泊生态健康为主体，考察湖泊系统与周围环境的相互联系，基本与“驱动力—压力—状态—影响—响应”(DPSIR)模型的假设一致。生态安全评估是对各组分之间动态联系和循环反馈全过程的评估：即良性循环的过程安全，恶性循环的过程则不安全，同时，评估需要对各组分的评估结果进行组合和解析。

(二)技术路线和思路

通过问题识别摸清湖泊生态安全主要问题，比选评估模型，进行初步分析论证，在上述内容基础上进行指标优选，构建完备的指标体系，最终通过恰当的综合评估，对我国湖泊生态安全进行客观、科学的评估，系统地诊断湖泊生态安全存在的问题，为水质较好湖泊的生态环境保护提供理论依据和技术支持。

(三)评估指标体系的构建

1. 指标选取的原则

评估指标的选择是准确反映湖泊生态系统健康状况和进行湖泊生态安全评估的关键。指标的选取应遵循以下原则。

(1)系统性。把湖泊水生态系统看作是自然—社会—经济复合生态系统的有机组成部分，从整体上选取指标对其健康状况进行综合评估。评估指标要求全面、系统地反映湖泊水生态健康的各个方面，指标间应相互补充，充分体现湖泊水生态环境的一体性和协调性。

(2)目的性。生态安全评估的目的不是为生态系统诊断疾病，而是定义生态系统的一个期望状态，确定生态系统破坏的阈值，并在文化、道德、政策、法律、法规的约束下，实施有效的生态系统管理，从而促进生态系统健康的提高。

(3)代表性。评估指标应能代表湖泊水生态环境本身固有的自然属性、湖泊水生态系统特征和湖泊周边社会经济状况，并能反映其生态环境的变化趋势及其对干扰和破坏的敏感性。

(4)科学性。评估指标应能反映湖泊水生态环境的本质特征及其发生发展规律，指标的物理及生物意义必须明确，测算方法标准，统计方法规范。

(5)可表征性和可度量性。以一种便于理解和应用的方式表示，其优劣程度应具有明显的可度量性，并可用于单元间的比较评估。选取指标时，多采用相对性指标，如强度或百分率等。评估指标可直接赋值量化，也可间接赋值量化。

(6)因地制宜。湖泊(水库)数目众多、成因各异，其周边的生态特点、流域经济产业结构和发展方式迥异，因此调查与评估指标的选择应该因地制宜、区别对待。

2. 指标的筛选

(1)备选指标。生态安全评估从人类社会经济影响(驱动力、压力)、水生态健康(状态)、服务功能(影响)和管理调控(响应)4 个方面，以湖泊污染物迁移转化过程为主线，对可得数据进行指标初选。

①社会经济影响指标。社会经济影响指标包括驱动力和压力 2 个方面。驱动力反映湖泊流域所处的人类社会经济系统的相关属性，可以分为人口、经济和社会 3 个部分，而压力指标反映人类社会对湖泊的直接影响，突出反映在流域污染负荷和入湖河流水质、水量两个方面。

人口指标在常规统计中包括人口数量、人口密度、人口自然增长率、人口迁入迁出数量等。

在湖泊流域生态安全评估中，经济指标主要用以确定流域经济发展水平和经济活动强度。因此，经济指标应当选择能够代表经济结构与数量的指标，包括工业比例、第三产业比例、工农业产值比、单位 GDP 水耗等，经济数量结构指标包括 GDP、人均 GDP、工农业总产值等。

社会指标包括国民社会经济统计的常规统计项目。社会指标主要用来反映湖泊流域内的社会公平性和社会发展水平。现有研究对社会指标关注不多，人均收入和城镇化率分别是可行的指标。

流域污染负荷是人类活动影响水质的主要方式。表征污染物排放的指标包括污染物入湖总量及点源或面源的入湖总量、入湖河流水质等，其计算方式包括总量指标、单位湖泊面积负荷、单位湖泊容积负荷等多种形式。

入湖河流污染指标包括湖泊主要入湖河流的 TN、TP、COD、氨氮等水质指标，以及流量、流速等水文参数指标。

②水生态健康指标。水生态健康指标可以通过水质与水生态两个方面来反映。

水质指标包括 DO、TN、TP、高锰酸盐指数、氨氮、SD、SS、Chla、重金属等指标。

水生态指标包括浮游植物生物量、浮游动物生物量、底栖生物生物量、浮游植物多样性指数、浮游动物多样性指数、底栖生物完整性指数等指标。

③生态服务功能指标。湖泊的服务功能主要体现在水质净化、水产品和水生态支持等方面，主要包括污染物净化总量、水产品总产值、鱼类总产值、生物栖息地服务、调蓄水量等。

④调控管理指标。调控管理指标反映人类的“反馈”措施对社会经济发展的调控及湖泊水质水生态的改善作用。响应指标主要体现在经济政策、部门政策和环境政策 3 个方面。因此，响应指标包括资金投入、污染治理、产业结构调整、生态建设、监管能力建设和长效机制。

(2)指标优选与评估体系构建。结合对 DPSIR 概念模型应用于湖泊生态系统的分析，并根据层次分析法，进一步优选能反映湖泊生态安全状况的关键指标，并以此为依据进行湖泊生态安全综合评估。评估指标体系由目标层(V)、方案层(A)、因素层(B)、指标层(C)构成，包括 1 个目标层、4 个方案层、18 个因素层指标和 44 个指标层指标。同时，针对不同类型的湖泊，在尽量满足 18 个因素层指标的情况下，允许选择不同类型的生态服务功能代表性指标组合，如非集中式饮用水源地，其生态服务功能指标可包括鱼类总产值等水产品服务功能、污染物净化总量的水质净化功能，而对集中式饮用水源地，则重点评估水质达标率等饮用水服务功能。

(四)参照标准的确定

在开展湖泊生态安全调查与评估的研究过程中，需要制定评估标准，根据相应的标准，确定某一评估单元特定的指标属于哪一个等级。在指标标准值确定的过程中，主要参考以下几点。

(1)已有的国家标准、国际标准或经过研究已经确定的区域标准。

(2)流域水质、水生态、环境管理的目标或者参考国内外具有良好特色的流域现状值作为参照标准。

(3)依据现有的湖泊与流域社会、经济协调发展的理论，定量化指标作为参照标准。

(4)对于那些目前研究较少，但对流域生态环境评估较为重要的指标，在缺乏有关指标统计数据时，暂时根据经验数据作为参照标准。

(五)权重的确定

确定权重的方法主要有主观赋权法和客观赋权法。主观赋权法最常见的是专家打分法，其优点是概念清晰、简单易行，可抓住生态安全评估的主要因素，但需要寻求一定数量的有深厚经验的专家给予打分；客观赋权法是由评估指标值构成的判断矩阵来确定指标权重，最常用的是熵值法，其本质就是利用该指标信息的效用值来计算，效用值越高，其对评估的重要性越大。专家打分法将评估指标做成调查表，邀请专家进行打分，满分为 10 分，分值越高表示越重要。通过对咨询结果进行整理后的判断矩阵，计算指标的权重系数。

(六)生态安全分级标准

评估指数数值大小的本身并无形象意义，必须通过对一系列数值大小的意义的限值界定，才能表达其形象的含义。由于研究区域的条件不同，评估目的不同，评估标准也会不一样，同时各项指标的计算方法及考核标准不同，分级标准也会有所不同。为此，本技术指南参考了全国重点湖泊水库生态安全评估的方法，把湖泊生态安全指数分为安全、较安全、一般安全、欠安全、很不安全五个等级。

(七)结果表达形式

湖泊生态安全评估结果可通过表格、图形格式表达。同时，可建立以包括社会经济影响、生态健康、服务功能、调控管理和生态安全指数的 5 坐标雷达图。鉴于湖泊内外部环境存在明显的空间异质性，在进行湖泊生态安全评估时，应进行分区和整体研究。如利用 ARCMAP 软件对各监测点的水生态健康状态进行空间分布规律分析。

(八)评估结果解析

通过对湖泊及其流域开展生态安全评估，可建立环境问题优先次序分类清单；确定污染源控制工程、生态修复工程的位置及规模；进行流域污染源解析；开展污染负荷绩效考核评估。

社会经济影响评估应根据空间分布特征进行分析，为湖泊生态环境保护总体方案中“社会经济调控方案”“水土资源调控方案”“流域污染源防治方案”的编制提供基础资料和技术支撑。

生态健康评估和服务功能评估应识别出关键指标、优先解决问题以及重点区域，为湖泊生态环境保护总体方案中“目标设定”“生态修复与保护方案”的编制提供数据支持和理论依据。

调控管理评估应识别出湖泊流域中环境监管能力的短板，为湖泊生态环境保护总体方案中“环境监管能力建设方案”的编制指明方向。

生态安全评估指数可从横向和纵向两个方面进行分析，横向分析与其他湖泊相比较，纵向分析与历史资料相比较。

（九）评估过程中可能出现的问题及其解决方法

对于严格按照技术指南进行生态安全调查的湖库，评估方法所需的指标现状值均能够在调查中得到。考虑到数据搜集过程中的质量控制误差，可能会出现少部分数据存在质量缺陷的情况。对这部分情况，研究根据评估模型特点提出解决方法。

1. 数据值缺失

数据值缺失包括单一数据的缺失和数据类的缺失。对于这类问题，首先应考虑补齐数据，其次考虑通过统计分析估算出合理数值。

单一数据缺失可能的原因是没有测量或产生了明显的异常值。

(1)可以通过 2 个方法进行估算。

①假设该值为该类所有数据的数学期望值，如算术平均数或集合平均数。

②如果这类数据与另一类数据有显著相关性，通过回归分析计算该值。

数据类的缺失主要由于统计口径不同造成。缺失的数据类应当从指标体系中剔除，或选择类似指标代替。

(2)研究选择的基础数据，大部分是水质常规监测能够提供的，其来源基本能够保证。少数水质常规监测以外的数据，其可取代指标如下说明。

①流域人口和社会经济统计数据。“流域人口密度”“流域 GDP”“污染负荷”均以小流域口径统计。如果没有按流域统计的数据，则可以考虑按照流域和行政区的空间逻辑关系

进行概算。

②生态服务功能数据。针对不同类型的湖泊(库)，允许选择不同类型的生态服务功能代表性指标组合，如非集中式饮用水源地，其生态服务功能指标可包括鱼类总产值等水产品服务功能、污染物净化总量的水质净化功能，而对集中式饮用水源地，则重点评估水质达标率等饮用水服务功能。

2. 特殊数据值处理(0 值或极小值)

计算模型大量采用乘法运算，因此 0 值或极小值将对模型结果产生显著影响。模型需要分析可能出现 0 值的指标，进行灵敏度分析，选择模型可接受灵敏度下的最低阈值。对于出现 0 值或极小值的指标取最低阈值代替。

3. 数据缺少时间序列

数据缺少时间序列主要由于统计口径或统计数据不可得造成。模型不依赖于时间序列，因此只要有某一年的统计数据即可给出生态安全评估结果。

4. 标准值缺失

评估以 20 世纪 80 年代湖泊综合调查为标准值。对于湖泊，大部分评估所需要的数据，湖泊综合调查都已经给出，可以从公开的出版物中引用。对于少部分 20 世纪 80 年代没有研究的内容，可以通过 2 个方法进行模拟：

①选择同一湖泊类似时期的研究结果。

②选择类似湖泊同一时期的研究结果。通过以上方式模拟标准值的，应给出参考类比的研究出处。如果通过以上方法标准值仍不可得，则需要调整或剔除指标。

评估涉及的水库均没有参与湖泊综合调查。水库研究可以选择过去的综合研究作为标准值，以与湖泊综合调查的时间接近为宜。新建库区可以原河流区段研究为标准。如果某一水库以上研究均没有，可以以评估的其他水库作为标准，展开相对的横向对比，不作纵向比较。

5. 统计数据的来源问题

湖泊生态安全评估的部分指标的统计数据来源：

①收集权威部门资料和相关数据。

②采用抽样调查方法估算获取相关统计数据。

《湖泊生态安全调查与评估技术指南》规定的水质、沉积物和水生态调查方法应与现有国家生态调查相关标准规范相衔接。

第四章

水环境水资源及其污染净化分析

第一节　水环境水资源概况

水是人类及一切生物赖以生存的不可缺少的重要物质，也是工农业生产、经济发展和环境改善不可替代的极为宝贵的自然资源。但目前水资源短缺、洪涝灾害、水环境污染等问题日益严重，这迫使人类必须重视水资源与水环境的保护与利用。

一、水环境的概念

水环境即自然界中水的形成、分布和转化所处空间的环境，是指围绕人群空间及可直接或间接影响人类生活和发展的水体，其正常功能的各种自然因素和有关的社会因素的总体。也有的指相对稳定的、以陆地为边界的天然水域所处空间的环境。

水环境主要包括两大部分，即地表水环境和地下水环境。

水环境是构成环境的基本要素之一，是人类社会赖以生存和发展的重要场所，也是受人类干扰和破坏最严重的领域。水环境的污染和破坏已成为当今世界主要的环境问题之一。

二、不同水体环境条件

根据水流速度，水体环境可分为流动水体（如河流）和静水水体（如湖泊、水库、池、沼等）。

（一）河流

河流具有如下特点：

①河水的矿化度较其他天然水体低。

②河水的化学成分受季节、水文和气象等影响变化剧烈。

③河水的溶解性气体富裕，表层水与底层水的溶气量差别很小。

④河水的表层水与底层水的温度比较一致，不存在分层现象。

⑤河流的有机物质基本来自陆地和邻近的静水水体，河水初级生产力较低。

以下因素与河流水污染之间存在重要关系：

1. 水深

当河流水深较浅时，污染物纵向易混合。

2. 宽窄

当河流较窄时，污染物排出不远后横向易完全混合；当河流较宽时，污染物排出后横向不易完全混合。

3. 流速

流速慢，某些污染物易于沉淀，延长了污染物降解作用时间，稀释扩散能力减慢；流速快，稀释扩散能力强，搅拌河底淤泥，沉淀作用小。

4. 底质

若河底淤积污染物质，在水流的冲刷下会再次溶出，造成二次污染。

（二）湖泊

湖泊具有如下特点：

①湖水的矿化度较高，这是由于停留时间长，蒸发量大，一些矿物盐分浓度提高，甚至发生盐类结晶沉淀。

②湖泊中温度、溶解性气体和营养盐类等空间分布的特点引起湖水分层现象。

③湖泊按水中营养盐分（主要氮、磷）的多少划分为贫营养湖泊、中营养湖泊和富营养湖泊等。一般来说，贫营养湖泊的初级生产力比河流高；中营养湖泊的初级生产力和次级生产力都比河流高；富营养湖泊的初级生产力过剩，会造成水体极度缺氧，对其他生物不利，使次级生产力极低。

④湖泊主要生产区是岸边浅水带和湖面透光层。

（三）水库

水库是个半河、半湖的人工水体，其特点如下：

①水位不稳定、浑浊度大，以致生产力往往低于天然湖泊。

②库水交换频率高于湖水，使水质状况接近河水。

③淹没区的植被沉入湖底，腐败分解，土壤的浸渍作用和岩石溶蚀作用使库水矿化度、溶解气体和营养物质逐渐接近湖水。

三、水资源的特征

水一直处于不停地运动着的状态，积极参与自然环境中一系列物理的、化学的和生物的作用过程，在改造自然的同时不断地改造自身。由此表现出水作为自然资源所独有的性质特征。水资源是一种特殊的自然资源，是具有自然属性和社会属性的综合体。

（一）水资源的自然属性

1. 储量的有限性

全球淡水资源并非取之不尽用之不竭，它的储量十分有限。全球的淡水资源仅占全球总水量的 2.5%，这其中又有很大的部分储存在极地冰帽和冰川中而很难被利用，真正能够被人类直接利用的淡水资源非常少。

尽管水资源是可再生的，但在一定区域、一定时段内，可利用的水资源总量总是有限的。以前人们错误地认为“世界上的水是无限的”而大肆开发利用水资源，事实说明，人类必须要有一个正确的认识，保护有限的水资源。

2. 资源的循环性

水资源是不断流动循环的，并且在循环中形成一种动态资源。地表水、地下水、大气水之间通过水的这种循环，永无止境地进行着互相转化，没有开始也没有结束。

水循环系统是一个庞大的天然水资源系统，由于水资源具有不断循环、不断流动的特性，从而可以再生和恢复，为水资源的可持续利用奠定物质基础。

3. 可更新性

自然界中的水处于不断流动、不断循环的过程之中，使得水资源得以不断地更新，这就是水资源的可更新性，也称可再生性。

水资源的可再生性是水资源可供永续开发利用的本质特性，源于两个方面：

第一，水资源在水量上损失(如蒸发、流失、取用等)后，通过大气降水可以得到恢复。

第二，水体被污染后，通过水体自净(或其他途径)可以得以更新。

不同水体更新一次所需要的时间不同，如大气水平均每8天可更新一次，而极地冰川的更新速度则更为缓慢，更替周期可长达万年。

4. 时空分布的不均匀性

水资源在自然界中具有一定的时间和空间分布。受气候和地理条件的影响，全球水资源的分布表现为极不均匀性，最高的和最低的相差数倍或数十倍。

我国水资源在区域上分布不均匀这一特性也特别明显。由于受地形及季风气候的影响，总体上表现为东南多，西北少；沿海多，内陆少；山区多，平原少。在同一地区中，不同时间分布差异性很大，一般夏多冬少。

5. 多态性

自然界的水资源呈现出液态、气态和固态等不同的形态。不同形态之间是可以相互转化的，形成水循环的过程，也使得水出现了多种存在形式，在自然界中无处不在，最终在地表形成了一个大体连续的圈层——水圈。

6. 环境资源属性

自然界中的水并不是化学上的纯水，而是含有很多溶解性物质和非溶解性物质的一个极其复杂的综合体，这一综合体实质上就是一个完整的生态系统，使得水不仅可以满足生物生存及人类经济社会发展的需要，同时也为很多生物提供了赖以生存的环境，是一种不可或缺的环境资源。

(二)水资源的社会属性

1. 利用的多样性

水资源是人类生产和生活不可缺少的，在工农业、生活，以及发电、水运、水产、旅游和环境改造等方面都发挥着重要作用。用水目的不同，对水质的要求也表现出差异，使水资源表现出一水多用的特征。

现如今，人们对水资源的依赖性逐渐增强，也越来越发现其用途的多样性。特别是在缺水地区，人们因为水而发生矛盾或冲突也不是稀奇的事情。对水资源一定要充分地开发利用，尽量减少浪费，满足人类对水资源的各种需求，又不会对水资源造成严重的破坏和影响。

2. 公共性

水是自然界赋予人类的一种宝贵资源，它不属于任何一个国家或个人，而是属于全人类。水资源养活了人类，推动着人类社会的进步、经济的发展。获得水的权利是人的一项基本权利，表现出水资源具有公共性。

3. 利、害的两重性

水资源具有两重性，它既可造福于人类，又可危害人类生存。这也就是为什么人们常说，水是一把双刃剑，比金珍贵，又凶猛于虎。

关于水资源给人类带来的利益这里不再多说，人类的生存、社会的发展、经济的进步就是最好的证明。人类在开发利用水资源的过程中可能会受到危害，如垮坝事故、土壤次生盐碱化、洪水泛滥、干旱等。这些灾害人们并不陌生，正是水资源利用开发不当造成的。它可以制约国民经济发展，破坏人类的生存环境。

既然知道水的利、害两重性，在利用的过程中就要多加注意。要注意适量开采地下水，满足生产、生活需求。反之，如果无节制、不合理地抽取地下水，往往引起水位持续下降、水质恶化、水量减少、地面沉降，不仅影响生产发展，而且严重威胁人类生存。

4. 商品性

长久以来，人们都错误地认为水是无穷无尽的，从而大肆地开采浪费。但是，人口的增多，经济社会的不断发展，使人们对水资源的需求日益增加，水对人类生存、经济发展的制约作用逐渐显露出来。水成了一种商品，人们在使用时需要支付一定的费用。水资源在一定情况下表现出了消费的竞争性和排他性(如生产用水)，具有私人商品的特性。但是当水资源作为水源地、生态用水时，仍具有公共商品的特点，所以它是一种混合商品。

四、水环境水资源保护的意义与内容

水资源是基础自然资源，为人类社会的进步和社会经济的发展提供了基本的物质保证。由于水资源的固有属性(如有限性和分布不均匀性等)、气候条件的变化和人类的不合理开发利用，在水资源的开发利用过程中，产生了许多水问题，如水资源短缺、水污染严重、洪涝灾害频繁、地下水过度开发、水资源开发管理不善、水资源浪费严重和水资源开发利用不够合理等，这些问题限制了水资源的可持续发展，也阻碍了社会经济的可持续发展和人民生活水平的不断提高。因此，进行水资源的保护与管理是人类社会可持续发展的重要保障。

（一）水环境水资源保护的意义

1. 提高人们的水资源管理和保护意识

水资源开采利用过程中产生的许多水问题，都是由于人类不合理利用以及缺乏保护意识造成的，通过让更多的人参与水资源的保护与管理，加强水资源保护与管理教育，以及普及水资源知识，可以增强人们的水法治意识和水资源观念，提高人们的水资源管理和保护意识，自觉地珍惜水，合理地用水，从而可为水资源的保护与管理创造一个良好的社会环境与氛围。

2. 缓解和解决各类水问题

进行水资源保护与管理，有助于缓解或解决水资源开发利用过程中出现的各类水问题，如通过采取高效节水灌溉技术，减少农田灌溉用水的浪费，提高灌溉水利用效率；通过提高工业生产用水的重复利用率，减少工业用水的浪费；通过建立合理的水费体制，减少生活用水的浪费；通过采取蓄水和引水等措施，缓解一些地区的水资源短缺问题；通过对污染物进行达标排放与总量控制，以及提高水体环境容量等措施，改善水体水质，减少和杜绝水污染现象的发生；通过合理调配农业用水、工业用水、生活用水和生态环境用水之间的比例，改善生态环境，防止生态环境问题的发生；通过对供水、灌溉、水力发电、航运、渔业、旅游等用水部门进行水资源的优化调配，解决各用水部门之间的矛盾，减少不应有的损失；通过进一步加强地下水开发利用的监督与管理工作，完善地下水和地质环境监测系统，有效控制地下水的过度开发；通过采取工程措施和非工程措施，改变水资源在空间分布和时间分布上的不均匀性，减轻洪涝灾害的影响。

3. 保证人类社会的可持续发展

水是生命之源，是社会发展的基础。进行水资源保护与管理研究，建立科学合理的水资源保护与管理模式，实现水资源的可持续开发利用，能够确保人类生存、生活和生产，以及生态环境等用水的长期需求，从而为人类社会的可持续发展提供坚实的基础。

（二）水环境水资源保护的内容

水资源保护与管理的主要研究内容如下：

①水资源含义及特点，水资源量及其分布，水资源的重要性与用途，水资源保护与管理的意义。

②水资源开发与利用：水资源开发利用形式，需水量预测，可供水量预测，水资源供

需平衡计算与分析。

③水资源保护：水资源保护的概念，天然水的组成与性质，水体污染，水质模型，水环境标准，水质监测与评价，水资源保护措施。

④水资源优化配置：水资源优化配置内涵，水资源优化配置基本原则，水资源优化配置内容与模型，面向可持续发展的水资源优化配置。

⑤水灾害及其防治：水灾害属性，水灾害类型及其成因，水灾害危害，水灾害防治措施。

⑥节水理论与技术：节水内涵，生活节水，工业节水，农业节水，城市污水回用。

⑦水资源管理：水资源管理的概念，水资源管理的目标，水资源管理的原则，水资源管理的内容，国外水资源管理概况及经验，水资源法律管理，水资源水量与水质管理，水价管理，水资源管理信息系统。

第二节 水体污染与水体自净

水体是指以相对稳定的、以陆地为边界的水域，包括水中的悬浮物、溶解物质、底泥相、水生生物等完整单元的生态系统或完整的综合自然体。水体遭受污染后危害重大。水体自净就是水体受到污染后，靠自然能力逐渐变洁的过程。

一、水体污染

（一）水污染的定义

水污染就是污染物质进入水体，造成水体质量和水生态系统退化的过程或现象。我国《中华人民共和国水污染防治法》中为水污染下了明确的定义：水污染，是指水体因某种物质的介入，而导致其化学、物理、生物或者放射性等方面特性的改变，从而影响水的有效利用，危害人体健康或者破坏生态环境，造成水质恶化的现象。因此，水污染的实质，就是输入水体的污染物在数量上超过了该物质在水体中的本底含量和自净能力，从而导致水体的性状发生不良变化，破坏水体固有的生态系统，影响水体的使用功能。

（二）废水的类别

废水从不同角度有不同的分类方法。根据不同来源，有未经处理而排放的生活废水和工业废水两大类；根据污染物的化学类别不同，有无机废水与有机废水；根据工业部门或产生废水的生产工艺不同，有焦化废水、冶金废水、制药废水、食品废水、矿山污水等。

（三）水体污染的特征

地面水体和地下水体由于储存、分布条件和环境上的差异，表现出不同的污染特征。通常，地面水体污染可视性强，易于发现；其循环周期短，易于净化和水质恢复。而地下水的污染特征是由地下水的储存特征决定的。

地下水储存于地表以下一定深度处，上部有一定厚度的包气带土层作为天然屏障，地面污染物在进入地下水含水层之前，必须首先经过包气带土层。地下水直接储存于多孔介质之中，并进行缓慢运移。

由于上述特点，地下水污染有如下特征：

①污染物在含水层上部的包气带土壤中经各种物理、化学及生物作用，会在垂向上延缓潜水含水层的污染。

②地下水流速缓慢，靠天然地下径流将污染物带走需要相当长的时间。即使切断污染来源，靠含水层本身的自然净化也需要数十年甚至上百年。

③地下水污染发生在地表以下的孔隙介质中，有时已遭到相当程度的污染，仍表现为无色、无味，其对人体的影响一般也是慢性的。

（四）水体污染带来的损失

水体污染造成的损失包括：

①优质水源更加短缺，供需矛盾日益紧张。

②水体污染造成人们死亡率升高及疾病增加，如中毒、癌症、免疫力下降等。

③对渔业造成损害，迫使渔业资源减少甚至物种灭亡。

④污废水浇灌农田或储存于池塘、低洼地带造成土壤污染，严重地影响地下水。

⑤破坏环境卫生、影响旅游，加速生态环境的退化和破坏。

⑥加大供水和净水设施的负荷及营运费用，使水处理成本加大。

⑦工业水质下降，生产产品质量下降，造成工业损失巨大。

二、水污染的原因和污染途径

（一）水污染的原因

水体污染原因可分为自然污染和人为污染。

自然污染主要在自然条件下，由生物、地质、水文等过程，使得原本储存于其他生态系统中的污染物进入水体，如森林枯落物分解产生的养分和有机物、由暴雨冲刷造成的泥沙输入、富含某种污染物的岩石风化、火山喷发的熔岩和火山灰、矿泉带来的可溶性矿物质、温泉造成的温度变化等。如果自然产生过程是短期的、间歇性的，过后水体会逐渐恢复原来的状态。如果是长期的，生态系统会变化而适应这种状态，如黄河长期被泥土污染，水变成黄色，不耐污的鱼类会消失，而耐污的鱼类(如鲤鱼)会逐渐适应这种环境。可见，以水为主体来看，任何导致水体质量改变(退化)的物质，都可称为污染物，这些过程都可称为水污染过程。

但以人为主体而论，天然物质进入水体是水体生境的自然变化，应该也是该水体的自然属性。人为污染是由于人类活动，使一些本来不该掺进天然水中的物质进入水体后，水的化学、物理、生物或者放射性等方面的特性发生变化，导致有害于人体健康或一些动植物的生长，诸如城镇生活污水、工业废水和废渣、农用有机肥和农药等，这类有害物质进入水中的现象，就是人为污染。

(二)水污染的途径

地表水体的污染途径相对比较简单，主要为连续注入或间歇注入式。工矿企业、城镇生活的污废水、固体废弃物直接倾注于地面水体，造成地表水体的污染属于连续注入式污染；农田排水、固体废弃物存放地降水淋滤液对地表水体的污染，一般属于间歇式污染。

相对于地表水体的污染途径而言，地下水体的污染途径要复杂得多，下面着重对其进行讨论。

1. 污染方式

地下水的污染方式与地表水的污染方式类似，有直接污染及间接污染两种形式。

(1)直接污染的特点。地下水的污染组分直接来源于污染源。污染组分在迁移过程中，其化学性质没有任何改变。由于地下水污染组分与污染源组分的一致性，因此较易查明其污染来源及污染途径。

(2)间接污染的特点。地下水的污染组分在污染源中的含量并不高，或该污染组分在污染源里根本不存在，它是污水或固体废物淋滤液在地下迁移过程中经复杂的物理、化学及生物反应后的产物。

直接污染是地下水污染的主要方式，在地表或地下以任何方式排放污染物时，均可发生此种方式的污染。间接污染通常被称为“二次污染”，其过程是相当复杂的，“二次”一词并不够科学。

2. 污染途径

地下水污染途径是复杂多样的，如污水渠道和污水坑的渗漏、固体废物堆的淋滤、化学液体的溢出、农业活动的污染、采矿活动的污染，等等，可见相当之繁杂。这里按照水力学上的特点，将地下水污染途径大致分为四类：间歇入渗型、连续入渗型、越流型、注入径流型。无论以何种方式或途径污染地下水，潜水是最易被污染的地下水体，这与潜水的埋藏条件是分不开的。因此，潜水水环境保护与污染防治是非常重要的。

三、污染源分析

（一）污染源的类别

对于人为污染源，又可以分为工业、农业、生活和大气沉降 4 个不同污染源类型。

1. 工业污染源

工业污染源是指工业生产中的一些环节（如原料生产、加工过程、燃烧过程、加热和冷却过程、成品整理过程等）使用的生产设备或生产场所产生污染物而成污染源。

工业污染源是造成水污染的最主要来源。工业污染源排放的各类重金属（铬、镉、镍、铜等）、各种难降解的有机物、硫化氢、氮氧化物、氰化物等污染物在人类生活环境中循环、富集，对人体健康构成长期威胁。

工业污染源量大、面广，含污染物多，成分复杂，在水中不易净化，处理也比较困难。

自 20 世纪 90 年代以来，我国用于水污染治理的投资额及投资比重基本上与 GDP 同步增长，重点工业污染源排放的污染物基本得到控制；工业废水排放量，污染物排放量及其污染度都呈下降态势。

2. 农业污染源

农业生产过程会产生各类污染物，包括牲畜粪便、农药、化肥等。不合理施用化肥和农药会破坏土壤结构和自然生态系统，特别是破坏土壤生态系统。降水所形成的径流和渗流把土壤中的氮和磷、农药以及牧场、养殖场、农副产品加工厂的有机废物带入水体，使水体水质恶化，有时造成河流、水库、湖泊等水体的富营养化。大量氮化合物进入水体则导致饮用水中硝酸盐含量增加，危及人体健康。

3. 生活污染源

城市生活排放各种洗涤剂、污水、垃圾、粪便等而成污染源。其特征是水质比较稳定，含有机物和氮、磷等营养物较高，一般不含有毒物质。由于生活污水极适于各种微生物的繁殖，因此含有大量的细菌(包括病原菌)、病毒，也常含有寄生虫卵。

城市和人口密集的居住区是人类消费活动集中地，是主要的生活污染源。生活污水的水质成分呈较规律的日变化，水量则呈较规律的季节变化。不经处理的生活污水一般具有以下性质：

①悬浮物质较低，一般为200~500mg/L。

②资料表明，每人每日所排悬浮固体平均约为30~50g。

③属于低浓度有机废水，一般BOD约为210~600mg/L。

④资料表明，平均每人每日所排BOD大约为20~35g。

⑤呈弱碱性，一般pH大约为7.2~7.6。

⑥含N、P等营养物质较多。

⑦含有多种微生物，含有大量细菌，包括病原菌。

生活污水进入水体，会恶化水质，并传播疾病。与工业废水排放逐年降低相反，我国生活污水排放量呈逐年上升趋势，水污染结构已开始发生根本性变化。

4. 大气沉降污染源

大气环流中的各种污染物质(如汽车尾气、酸雨烟尘等)通过干沉降与湿沉降转移到地面，也是水体污染的来源。由于农田施肥不合理，养殖场畜禽粪便管理不善，燃煤、汽车尾气排放等增加，使得大气沉降产生的污染物已对水环境产生了不容忽视的影响。

(二)点污染源与非点污染源

按污染源的发生和分布特征，又把水污染过程分为点源污染和非点源污染。

1. 点源污染

点源污染是指以有集中而明显的点状污染物排放口而发生的水污染过程。例如，工业污染源和生活污染源产生的工业废水和城市生活污水，经城市污水处理厂或经管渠通常在固定的排污口集中排放。

点源污染的基本特征如下。

(1)排污口明显，集中排放。根据《入河排污口监督管理办法》，所谓排污口，包括直接或者通过沟、渠、管道等设施向江河、湖泊排放污水的排污口。排污口的设置应遵循一整套报批程序，这是明确和公知的。

(2)污染物浓度高，成分复杂。点源污染的排放包括经污水处理厂处理的工业废水和城市生活污水(未经处理的污水不允许直接排放)的集中排放，因此，排出的污水不仅浓度较高，而且成分多种多样，并可能存在较大的季节性变化。

(3)污染物浓度空间变化十分明显。在排污口附近，会形成一个明显的浓度逐渐降低的混合污染带(区)，混合带(区)的形态、大小完全取决于受纳水体的水文条件。

(4)污染物浓度时间变化与工业废水和生活污水的排放规律有关。总体而言，工业生产和城市生活的稳定性带来了点源污染排放的稳定性，它比非点源污染受气候和环境条件的影响要小得多；点源污染的变化主要体现在由排污口的设置所造成的空间变化。

(5)相对容易监测和管理。

2. 非点源(面源)污染

随着点源污染的逐步控制，非点源污染已成为许多国家和地区引起水环境质量恶化的重要甚至主要原因。

非点源污染则是指溶解的和固体的污染物从非特定的地点，在降水(或融雪)冲刷作用下，通过地表径流、土壤侵蚀、农田排水、地表径流、地下淋溶、大气沉降等过程，以面或线的形式汇入受纳水体的污染过程。

与点源污染相比，非点源污染起源于分散的、多样的地区，地理边界和发生位置难以准确界定，随机性强、形成机理复杂、涉及范围广、控制难度大。其主要具有以下特点：

①发生的随机性和不确定性。这是由于径流和排水是非点源污染的主要驱动力，而它们的发生因降水条件和径流形成条件而具有很大随机性和不确定性。

②强烈的时空变异性。这是由于非点源污染过程在很大程度上还受到土地利用方式、农作制度、作物种类、土壤类型和性质、区域地质地貌等人类活动和自然条件的强烈影响，而这些条件有些在空间上差异巨大，有些则在时间上变化强烈。

③污染源的广泛性和多元复合特性。人类活动的多样性导致进入环境的化学物质逐年增多。而且不同来源的污染物会一起随着径流进入水体，如种植、养殖、生活等各类人类活动产生的氮磷污染物，很难追溯污染的源头，给污染控制造成很大的困难。

④污染物迁移过程的高度非线性和滞后特性。非点源污染物进入水体并不是一个定常的线性关系，原因如下：径流和排水本身的变化无常；地形地貌和土壤表面的多样性；污染物质与地表物质(土壤、生物等)的复杂作用。非点源污染只有在径流和排水的驱动下，才会将地表长期积累的化学物质带入水体，在时间上具有滞后性。上述特点都给非点源污

染的定量研究带来极大的困难。

（三）污染源的调查

为准确地掌握污染源排放的废、污水量及其中所含污染物的特性，找出其时空变化规律，需要对污染源进行调查。污染源调查可以采用调查表格普查、现场调查、经验估算和物料衡算等方法。污染源调查的内容包括：污染源所在地周围环境状况，单位生产、生活活动与污染源排污量的关系，污染治理情况，废、污水量及其所含污染物量，排放方式与去向，纳污水体的水文水质状况及其功能，污染危害及今后发展趋势等。

四、水体污染物的来源及种类

（一）耗氧有机物

耗氧物质是指大量消耗水体中的溶解氧的物质，这类物质主要是：含碳有机物（醛、醋、酸类）、含氮化合物（有机氮、氨、亚硝酸盐）、化学还原性物质（亚硫酸盐、硫化物、亚铁盐）。

当水中的溶解氧被耗尽时，水体中的鱼类及其他需氧生物会因缺氧而死亡，同时在水中厌氧微生物的作用下，会产生有害的物质如甲烷、氨和硫化氢等，使水体发臭变黑。

（二）重金属污染物

矿石与水体的相互作用以及采矿、冶炼、电镀等工业废水的泄漏，会使得水体中有一定量的重金属物质。这些重金属物质在水体中一般不能被微生物降解，只能发生各种形态相互转化和迁移，在水中达到很低的浓度便会产生危害。

首先，重金属在水中通常呈化合物形式，也可以离子状态存在，但重金属的化合物在水体中溶解度很小，往往沉于水底。由于重金属离子带正电，因此在水中很容易被带负电的胶体颗粒所吸附。吸附重金属的胶体随水流向下游移动，多数很快沉降。这些原因大大限制了重金属在水中的扩散，使重金属主要集中于排污口下游一定范围内的底泥中。每年汛期，河川流量加大和对河床冲刷增加时，底泥中的重金属随泥一起流入径流。

其次，水中氯离子、硫酸根离子、氢氧根离子、腐殖质等无机和有机配位体会与其生成络合物或螯合物，导致重金属有更大的水溶解度而从底泥中重新释放出来。

重金属污染的危害中，汞对鱼、贝危害很大，它不仅随受到污染的浮游生物一起被鱼、贝摄食，还可以吸附在鱼鳃和贝的吸水管上，甚至可以渗透鱼的表皮进入体内，使鱼的皮肤、鳃盖和神经系统受损，造成游动迟缓、形态憔悴。汞能影响海洋植物光合作用，当水中汞的浓度较高时，就会造成海洋生物死亡。汞对人体危害更大，尤其是甲基汞，一旦进入人体，肝、肾就会受损，最终导致死亡。镉一旦进入人体后很难排出，当浓度较低时，人会倦怠乏力、头痛头晕，随后会引起肺气肿、肾功能衰退及肝脏损伤。当铅进入血液后，浓度每毫升在80μg时，就会中毒，铅是一种潜在的泌尿系统的致癌物质，危害人体健康。海洋中铜、锌的污染，就会造成渔场荒废，如果污染严重，就会导致鱼类呼吸困难，最终死亡。

（三）营养物质

营养性污染物是指水体中含有的，可被水体中微型藻类吸收利用，并可能造成水体中藻类大量繁殖的植物营养元素，通常是指含有氮元素和磷元素的化合物。

大量的营养物质进入水体，在水温、盐度、日照、降雨、水流场等合适的水文和气象条件下，会使水中藻类等浮游植物大量生长，造成湖泊老化，破坏水产与饮用水资源。目前，我国湖泊、河流和水库的富营养化问题日趋严重，湖泊水质已达Ⅳ或Ⅴ类水体，个别已达超Ⅴ类水体，“水华”暴发，鱼虾数量急剧下降，生物多样性受到极大的破坏，造成极大的经济损失。我国近海水域的大面积“赤潮”暴发，已对我国海洋渔产资源和海洋生态环境造成无法挽回的破坏。

（四）有毒有机物

有毒有机污染物指酚、多环芳烃和各种人工合成的，并具有积累性生物毒性的物质，如多氯农药、有机氯化物等持久性有机毒物，以及石油类污染物质等。

农药的使用大多采用喷洒形式，使用中约有50%的滴滴涕以微小雾滴形式散布在空间，洒在农作物和土壤中的滴滴涕也会再度挥发进入大气。空间滴滴涕被尘埃吸附，能长期飘荡，平均时间长达4年之久。在这期间，带有滴滴涕的尘埃会逐渐沉降，或随雨水一起降到地表和海面。据有关学者测定，在每平方千米的面积上，每年有20g滴滴涕沉降下来。这样，一年沉降在世界海洋表面上的总量就达到24 000t。

海洋中的多氯联苯主要是由人们任意投弃含多氯联苯的废物带进去的。同时，在焚烧废弃物过程中，多氯联苯经过大气搬运入海也不可忽视，仅在日本近海，多氯联苯的累积量已经超过了万吨。

油类污染物主要来自于含油废水。水体含油达0.01mg/L即可使鱼肉带有特殊气味而不能食用。含油稍多时，在水面上会形成油膜，使大气与水面隔离，破坏正常的充氧条件，导致水体缺氧，同时油在微生物作用下的降解也需要消耗氧，造成水体缺氧；油膜还能附在鱼鳃上，使鱼呼吸困难，甚至窒息死亡；当鱼类处于产卵期，在含油废水的水域中孵化的鱼苗，多数产生畸形，生命力低弱，易于死亡。含油废水对植物也有影响，妨碍光合作用和通气作用，使水稻、蔬菜减产；含油废水进入海洋后，造成的危害也是不言而喻的。

（五）酸碱及一般无机盐类

酸性物质主要来自于酸雨和工厂酸洗水、硫酸、粘胶纤维、酸法造纸厂等产生的酸性工业废水。碱性物质主要来自造纸、化纤、炼油、皮革等工业废水。这类污染物主要是使水体 pH 值发生变化，抑制细菌及微生物的生长，降低水体自净能力。同时，增加水中无机盐类和水的硬度，也会引起土壤盐渍化，给工业和生活用水带来不利因素。

（六）病原微生物污染物

生物污染物是指废水中含有的致病性微生物。污水和废水中含有多种微生物，大部分是无害的，但其中也含有对人体与牲畜有害的病原体。病原微生物污染物主要是指病毒、病菌、寄生虫等，主要来源于制革厂、生物制品厂、洗毛厂、屠宰厂、医疗单位及城市生活污水等。危害主要表现为传播疾病：病菌可引起痢疾、伤寒、霍乱等；病毒可引起病毒性肝炎、小儿麻痹等；寄生虫可引起血吸虫病、钩端旋体病等。

五、污染水体的物化与生物作用

污染物进入水体后，在水环境的迁移转化过程中，将产生一系列的物理、化学、生物作用，结果造成水质的显著改变。其作用结果对水体水质的改变将存在两种截然不同的结果：或造成水体恶化，或使得水体净化。

概括起来，对于水体恶化的作用主要表现在以下几个方面：

①有机物在水中经微生物的转化作用可逐步降解为无机物，从而消耗水中溶解氧。

②难降解的人工合成的有机物形成特殊污染。

③物理、化学和生物学的沉积作用，大量的有毒有害金属组分、难分解的有机物、营养物在水体底泥中积累，在食物链或营养链中高度富集，加剧了对水体水质、人体健康、生态环境的损害。

物理(机械过滤、稀释作用)、化学(吸附、溶解和沉淀、氧化—还原反应、络合)和生物作用(微生物降解、植物摄取)对污染水体具有净化效果，这也就是通常所提到的自然净化或污染物的自然衰减(Natural Attenuation)。

物理自净作用是指水体的稀释、扩散、混合、吸附、沉淀和挥发等作用。物理自净作用只能降低水体中污染物质的浓度，并不能减少污染物质的总量。

化学及生化自净是指污染物质通过氧化、还原、吸附、凝聚、中和等反应使其浓度降低。化学及生化自净作用包括化学、物理化学及生物化学作用，其具体反应又可分为污染物的氧化与还原反应、酸碱反应、吸附与凝聚、水解与聚合、分解与化合等。

生物化学净化作用是指水体中的污染物通过水生生物特别是微生物的氧化分解作用，使其存在形态发生变化和浓度降低的过程。在其作用下，有机污染物的总量不断减少，并被无机化和无害化。因此，生物化学净化作用在水体自净作用中起到主要作用。

(一)稀释、扩散与混合作用

稀释是指污染物质进入天然水体后，由于人为或自然的作用，污染水体规模不断地受到外部未污染或轻微污染水体的补给，产生水量交换，改变污染水体的水文和水动力学条件，进而不同程度地降低污染水体的污染程度，减缓水质恶化的速度。距排污口越近，污染物质的浓度越高，反之越低。自然界中，无论是地面水体还是地下水体，广泛存在着不同水体之间的交换过程和稀释作用。

污染物质顺水流方向的运动称为对流，污染物质由高浓度区向低浓度区迁移称为扩散。稀释作用取决于对流和扩散的强度。

污水与天然水的混合状况，取决于天然水体的稀释能力、径(天然水体的径流量)污(污水量)比、污水排放特征等。

(二)沉淀作用

由于环境条件变化或外来化学物质的引入，水体中部分污染物质形成新的化合物，在溶解度的控制下发生沉淀。降低污染物在水体中的含量，实现水质恢复。如水中的重金属离子与有机或无机配位体结合，形成溶解度较低的有机或无机络合物，产生沉淀。

(三)吸附作用

在水体悬浮物或底泥中广泛存在较大比表面积和带电的颗粒物质，通过表面能或电化学作用，可具有较高的物理或化学吸附性能。吸附作用是污染物进入水系统普遍存在的净化作用。

物理吸附：靠静电引力使液体中的离子吸附在固态表面上。键联力较弱，在一定条件下，固态表面所吸附的离子可被液体中的另一种离子所替换，为可逆反应，称之为“离子交换”。

化学吸附：靠化学键结合，被吸附的离子进入胶体的结晶格架，成为结晶格架的一部分，反应为不可逆的。构成化学吸附作用的主要有离子交换、表面络合和表面沉淀。

吸附与沉淀虽使水质得到了净化，但底质中污染物却增加了，因而水体存在着二次污染的隐患。

(四)氧化还原、酸碱反应作用

氧化还原是水体化学净化的主要作用。水体中的溶解氧可与某些污染物产生氧化反应。如铁、锰等重金属可被氧化成难溶性的氢氧化铁、氢氧化锰而沉淀。硫离子可被氧化成硫酸根随水流迁移。还原反应则多在微生物的作用下进行，如硝酸盐在水体缺氧条件下被反硝化菌还原成氮气而被去除。

水体中存在的矿物质(如石灰石、白云石、硅石)以及游离二氧化碳、碳酸盐碱度等，对排入水体的酸、碱有一定的缓冲能力，使水体的 pH 值维持稳定。当排入的酸、碱量超过缓冲能力后，水体的 pH 值就会发生变化。若变成偏碱性水体，会引起某些物质的逆向反应，如已沉淀于底泥中的三价铬、硫化砷等，可分别被氧化成六价铬、硫代亚砷酸盐而重新溶解；若变成偏酸性水体，沉淀于底泥的重金属化合物又会溶解而从污泥中溶出。

(五)有机物分解

大量有机物进入水体后，在适宜的环境条件下，由于生物作用，使得复杂的有机物分解成为简单的有机物，进一步可分解成为 CO_2 和 H_2O，降低了水体的污染程度。

六、水体自净的特点

水体自净可以发生在水中，如污染物在水中的稀释、扩散和水中生物化学分解等。可以发生在水与大气界面，如酚的挥发。也可以发生在水与水底间的界面，如水中污染物的沉淀、底泥吸附和底质中污染物的分解等。

(一)地下水的自净特点

地下水的自净作用是指污染物质在进入地下水层的途中和在地下水层内所受到的有利

的改变。这种改变的产生在物理净化方面有土壤和岩石空隙的过滤作用，以及土壤颗粒表面的吸附作用；在生物净化方面有土壤表层微生物的分解作用；在化学净化方面有化学反应的沉淀作用和土壤颗粒表面的离子交换作用。通过这些作用，原来不良的水质可以得到一定程度的改善。

地下水的自净特点是吸附过滤作用强，微生物分解、离子交换作用强。

（二）河口的自净特点

河口的自净特点是双向流动、絮凝吸附、离子交换作用强。

（三）河流水体的自净特点

河流是流动的，因此河流水体的自净特点都是通过水流作用所产生的一系列自净效应体现的。

①流动的河水有利于污染物的稀释、迁移，所以稀释、迁移能力强。

②河水流动使水中的溶解氧含量较高。流动的河水由于曝气作用显著，水中溶解氧含量较高，分布比较均匀，有利于生物化学作用和化学氧化作用对污染物的降解。

③河水的沉淀作用较差。河流水体中的沉淀作用往往只在水流变缓的局部河段发生。河水通过沉淀对水中杂质的净化效果远不如湖泊和水库明显。

④河流的汇合口附近不利于污染物的排泄。在河流的汇合口附近（如干支流汇河口、河流入湖库口、大江大河入海口等），河水经常变动着流向和流速，在这个地带，水体中的污染物质会随水流变化而产生絮凝和回荡现象，不利于污染物的排泄和迁移，使污染物质在河段中停留与分解的时间较长。

⑤河流的自净作用受人类活动的干扰和自然条件的变化影响较大。暴雨洪水的冲刷可使局部地区原沉积河底的污染物质重新进入水中，结果使水体的底质得到净化而水质受到污染；汛期和枯水期河流的流量组成和变化大，自净作用的差异也很显著。

总之，河流的水流作用明显，产生自净作用的因素多、自净能力强，河水被污染后较容易进行控制和治理。

（四）湖泊、水库水体的自净特点

湖泊、水库水体基本上属于静水环境，流速的分布梯度不明显，因此其自净特点与河流有很大差别。

1. 沉淀自净作用强

湖泊、水库的深度较大，流动缓慢，在水体自净作用中，最明显的是对水中污染物质的沉淀净化作用和各种类型的生物降解作用，而稀释、迁移及紊动扩散效应相对较小。

2. 随季节性变化的水温分层影响自净(复氧)

对于深水湖泊、大型水库，由于水深大，水层间的水量交换条件差，因此一般存在着季节性变化的水温分层现象，对水体的自净作用有特殊的影响。

3. 水中溶解氧随水深变化明显

湖泊、水库水体只有表层水在与大气的接触过程中，产生曝气作用，太阳辐射产生的光合作用也只在表水层中进行，这样造成了水中溶解氧随水深而明显变化，湖泊、水库表层的溶解氧最高，而在中间水层的底部溶解氧常减小很多(甚至为零)，随着水深继续加大，溶解氧又有上升，最后又逐渐减小，至湖底部常减为零，所以湖泊、水库底部常呈缺氧状态。表水层的氧分解活跃，中间水层嫌气性微生物作用明显，而在湖泊、水库底部基本上是厌氧分解作用。

4. 湖泊、水库水体污染后难以恢复(迁移能力弱，受人类控制干扰强)

湖泊、水库水体与外界的水量交换小，污染物进入后，会在水体中的局部地区长期存留和累积，这使得湖泊、水库水体被污染后难以恢复。

总之，与河流相比，湖泊、水库水体中的污染物质的紊动扩散作用不明显，自净能力较弱，水体受到污染后不易控制和治理。

第五章

污染湖泊水库与河流水环境修复工程

第一节　污染湖泊水库水环境修复工程

一、湖泊水库的概念

湖泊是指陆地表面洼地积水形成的比较宽广的水域。现代地质学将湖泊定义为陆地上洼地积水形成的、水域比较宽广、换流缓慢的水体。在汉语的定义中，湖与泊共为陆地水域，但湖指水面有芦苇等水草的水域，泊指水面无芦苇等水草的水域。

湖泊的形成、演化、成熟直至最终死亡，是在一定环境地质、物理、化学和生物过程的共同作用下完成的。因此，湖泊类型和湖泊环境表现出显著的地域特点。世界湖泊根据湖盆成因分类主要有如下几种。

构造湖，地壳活动形成的构造断陷湖通常规模和水深较大，如美国大湖区的形成与地质构造活动有关；俄罗斯的贝加尔湖、我国云南的洱海和泸沽湖等也是典型的构造断陷湖。

火山湖，火山成因的湖泊规模相对较小，但水深较大，如我国的五大连池。

壅塞湖，如岷江上游形成的诸多海子，云南程海也是断陷构造与地震滑坡共同形成的。

冰川湖，阿拉斯加和加拿大有大量现代冰川作用形成的湖泊。

河流成因的湖泊，这类湖泊的亚种比较多，又分侧缘湖、泛滥平原湖、三角洲湖和瀑布湖等，我国长江中下游的大量湖泊均属于此类。

水库，人造的湖泊，规模较小的则称为水塘、塘坝和蓄水池。一般的形成方法是在河流的中上游建造堤坝，河水把河谷淹没后便形成水库。不过也有的水库是建于海上的，如香港的船湾淡水湖。水坝一般都建于狭窄的谷地，因为两岸的山坡可以作为水库的天然围墙，而水坝的长度也可大大缩短。兴建之前，将被水淹地带的民居和古迹需要被移到其他地方。

湖泊一般都是天然形成的，而水库一般是在河流水系基础上人为设计和建造的。相对来说，天然湖泊水深比较浅，而水库通过建造水坝形成，水深度比较大。水库通常具有更大的流域面积，比较大的水面面积，更深的平均和最大深度，比较短的水力停留时间，水体流动形态相差比较大。这些不同之处都会影响到其水体修复技术和措施的选择。

但是，湖泊和水库有着许多相似之处。例如，其生物过程和一些物理过程是类似的，具有相同的动物群落和植物群落，两者都可能发生分层现象，其富营养化现象也是雷同的。

中国是世界上湖泊水库数目最多的国家之一。全国大小湖泊共计 24 880 个，总面积达到 83 400km^2，其中水面面积大于 1km^2 的天然湖泊 2 759 个，大于 10km^2 的湖泊 656 个，大于 50km^2 的大中型湖泊占全国湖泊总面积的 79. 84%，小型湖泊的面积仅占 20. 16%。同时，我国大中小型水库达到 84 000 余座，总容积达到 4 130 亿 m^3，是湖泊蓄水量的 2 倍。我国湖泊、水库水资源总量约 6 380 亿 m^3，占全国城镇饮用水水源的 50% 以上，城市供水的 80% 以上依靠湖泊和水库提供。

在我国大型湖泊中，太湖、巢湖和滇池是污染最严重的三个，国家为此实施了“三湖”治理专项计划。

二、污染湖泊水库水环境修复概述

（一）湖泊水库水环境修复概念

由于受到长期污染的损害，大量的湖泊水库生态系统处于生物多样性降低、功能下降的退化状态，严重威胁人类社会的可持续发展。因此，如何保护现有的湖泊水库生态系统，综合整治和恢复污染退化的湖泊水库环境，使之恢复到可持续发展的自然状态，成为人类亟待解决的重要环境问题。

湖泊水库水环境修复是指通过人为的调控，使受污染损害的生态系统恢复到受干扰前的自然状态，恢复其合理的内部结构、高效的系统功能和协调的内在关系。污染受损湖泊水库的修复主要强调两方面内容：一是通过一定的修复措施，尽可能抵消或减轻一部分已被证明对环境和人类有害活动的负面效应，修复生态系统的服务功能，使湖泊水库能够满足人类的需要；二是使受损或受干扰湖泊水库生态系统在结构和生态功能上恢复到破坏前的“完美”状态。

（二）湖泊水库水环境修复原则

任何修复技术必须在可行性研究基础上进行选择，主要考虑的问题包括技术的有效性、水环境被修复的程度、投资和成本，以及可能的替代方案的有效性与成本比较等。湖泊水库水环境修复的原则包括：

1. 生态、社会、经济、文化的需求及恢复技术的有效性

湖泊水库污染和生态退化的成因、作用方式和影响程度可能在很大范围变化，使受损湖泊水库的修复问题十分复杂。湖泊水库生态修复目标是多方面、多层次的，可能不会有一个统一标准。但污染受损湖泊水库生态恢复的首要任务是确定恢复目标，只有确立明确的目标，才可能制订合适的恢复方案，建立评价生态恢复成功与否的评价标准体系。湖泊水库生态系统恢复的目标是由总体与若干具体目标所构成的复杂目标体系，因此湖泊水库水环境修复的尺度在区域上可以是全湖性的或局部水域(如岸边带、河口)；在规模上可以是整个生态系统或某些生物群落；在目标上可以是以达到一定水质为目的的修复，或是湖泊水库生态系统生态结构和功能的修复。

2. 整体性

湖泊水库生态系统作为一个由诸多物理化学要素和生物要素组成的复杂统一体，强调系统结构和功能的整体性。湖泊水库水环境修复应具有整体概念，全面考虑生态系统的结构和功能，对受损湖泊水库的生态系统进行修复时，不可能先修复某一个物种，再修复另一部分，而是全面考虑生态系统结构和功能。即便是对某一特定污染的控制，也要考虑系统的综合影响。不同的湖泊水库可以采取不同的修复技术措施，包括湖泊水库主要环境要素(大气、水、沉积物等)的改善与生物因素(生态系统的结构和功能)的修复2个方面。湖泊水库修复是充分考虑物理因素和有机体之间相互作用的系统工程，强调配套技术的整合。

3. 遵守自然法则

湖泊水库生态系统是具有生命特征的动态体系，所有湖泊水库都有形成、发展、衰老和消亡的自然演化过程。人类活动(污染、破坏、治理、修复等)可以加速或延缓湖泊水库的自然过程，甚至使其偏离原有演化方向或发生逆转。受损湖泊水库修复目标在于通过减缓人为污染的负面影响，使其满足人类特定需求，但这个过程必须尊重自然规律。通过减

缓人为污染的负面影响达到湖泊水库水环境的目标必须尊重自然规律，其中生态学的基本理论是污染湖泊水库生态恢复的理论基础，包括限制因子理论、生态适应性、生态位、自然演替理论、集合规则理论、自我设计和人为设计理论、生物多样性原理及恢复阈值理论等。

(三)湖泊水库水环境评价

进行湖泊水库水环境修复之前，需要对湖泊水库及其周围环境进行科学的调查和评价，进行可行性研究。可行性研究的目的包括：

①调查进入湖泊水库的营养元素、悬浮泥沙、有机物的定量负荷或者速率。

②调查研究湖泊水库的状态和周期性变化规律。

③确定适合湖泊水库的最有效的修复技术，以利于湖泊水库的长期保护和修复等。水体评价涉及的基本问题包括湖泊水库的基本用途、湖泊水库的历史、湖泊水库存在的问题及修复技术是否可行4个方面。

1. 基础资料收集

可行性研究需要收集尽可能详细的资料，主要包括以下方面。

(1)地理地质方面的数据，如气温、蒸发量和降水量，汇水面积。地质特征包括土壤及其流失情况，流域植被，流域人口，周围农林牧业和工业情况，周围污水排放。在地图上，应该标示所有的点源污染和面源污染。点源污染包括雨水排放点、市政污水排放点和各种工业污水排放点。重要的面源污染包括建设施工现场、农业生产、各种养殖场、采矿点等。汇水流域可以划分为城区、农村或者农业区、湿地、森林等。

(2)水文学数据，如容积、水面面积、水量变化、平均深度、最大水深和最小水深，水面常年降水量(包括丰水年和枯水年)，输入和输出水量，水力停留时间，水流动力学特征，水体温度分层情况，底泥特征。

(3)水体理化参数，如水温度、电导率、透光率、水色、悬浮物、总溶解固体、太阳辐射能、pH值、溶解氧、磷浓度、凯氏氮浓度、氨氮、亚硝酸盐氮、硝酸盐氮、二氧化碳、钙镁离子、总铁和锰、生化需氧量、化学需氧量、有机沉积物、总有机碳，以及悬浮物的有机成分和营养元素成分等。

(4)生物学参数，包括藻类、浮游植物(叶绿素a)、浮游动物、鱼类、底栖动物等生物的相关参数。例如，浮游植物的种类、数量、细胞体积，分布情况，优势种类；大型植物种类和覆盖面积；鱼的种类、相对数量和生长情况；底栖生物种类和相对数量；细菌的种类、数量和分布，水体呼吸速率，以及底泥好氧呼吸速率和厌氧代谢速率。

2. 综合模型

由于湖泊水库是非常复杂的系统，包括水质化学动力学、微生物生态系统、藻类生长代谢、宏观生态系统、水动力学和周围环境条件等，只有借助数学模型才可能定量表达各种因子和过程之间的相互作用关系。利用数学模型可以达到以下目的：

(1)掌控水体内部有关物理、化学和生物过程的认识。

(2)预测在不同条件下，水体变化的趋势。

(3)预测各种管理和工程技术措施对水体的影响。目前，已经建立和发展了各种不同复杂程度的模型。

三、污染湖泊水库环境修复工程

(一)外源污染控制

外源污染包括点源污染(工业污水、生活污水等)和面源污染(初期雨水径流、空气降尘、农业废物倾倒等)，外界污染物质的输入是绝大多数湖泊水库受损的根本原因。从长远角度来看，根本上控制水体污染，首先应该减少或拦截外源污染物质的输入。控制外源污染源主要是利用管理、工程、技术手段限制污染物质进入湖泊水库，避免已退化湖泊水库的受损程度加剧。防止新的污染发生的根本方法，主要包括改变生产和消费方式以减少污染物的产生，建设相关处理设施以减少进入湖泊水库的污染物质浓度和总量等。

湖泊水库的污染源控制可分为点源污染控制和非点源污染控制两种类型。

1. 点源污染控制

湖泊水库点源具有明确的、相对固定的物质来源，一般采取“末端处理技术”和执行严格的排放标准来进行控制。目前，由于“末端处理技术”为核心技术的“零排放”环境政策的高昂代价和对复杂环境问题处理的低效，点源污染控制已经走向综合性控制，包括管理上的排放标准、总量控制、高效污水处理厂的建立、鼓励清洁生产、建立循环经济的发展模式、改善城市居民生活方式、广泛的环保意识宣传教育等。随着近年大量污水处理厂和其他配套措施的建立、运行，重点湖泊水库的点源负荷逐渐得到控制。如在我国“三湖”治理时，采用污染物总量控制和限期达标排放的对策，使得“三湖”周围日废水排放量超过100t 的 1 300 家重点企业已基本达标排放，无法达到要求的企业限期关闭。

根据不同工业行业污染废水，点源污染控制可以分为生活污水处理技术和工业废水处理技术两种类型。常用的生活污水处理技术有生物塘、生活污水净化槽[厌氧—缺氧—好氧法(A/O)、氧化沟]、生物与化学法结合(生物硝化—反硝化与化学沉淀除磷相结合的工艺）；常用的工业废水处理技术有物理法（混凝沉积、气浮、过滤）、化学法（沉淀、离子交换、氧化还原、活性炭吸附、臭氧氧化、湿法燃烧等）和生物法（活性污泥法、生物膜反应器、厌氧发酵）。相关废水处理的技术可参考相关水污染控制资料。

生活污水处理系统的设计要结合地方特点，针对污染源的排放途径及特点，可采用集中处理、分散处理或二者相结合的方式。集中处理技术通过建立污水处理厂有效去除氮、磷、BOD 和 SS 等污染物；分散式生活污水可通过修建小型污水处理厂，或因地制宜建立生物塘和污水净化槽等进行处理。

许多污染物（如农药、油漆）采用单一方法往往难以奏效，需要采用物化方法和生物方法相结合的综合手段进行处理。对污水中的氮、磷可以采用生物硝化—反硝化与化学沉淀相结合的方法进行处理。

总之，点源污染控制方案的选择应全面综合社会、经济、技术、设备等因素，制定出经济、有效、合理的治理方案。

2. 非点源（面源）控制

非点源是湖泊水库污染物的另一个重要来源，欧美、日本一些研究发现，湖泊水库污染负荷的 50% 以上来自非点源，其中农村非点源问题尤其突出。我国湖泊水库富营养化的泥砂、氮、磷等来源，有相当部分是由农村非点源贡献的，滇池、洱海、太湖等受非点源污染影响十分严重，其中滇池 90% 以上的入湖泥砂来自农村非点源，氮磷可能占总污染负荷的 40%～80%。

（1）总体设计程序。非点源影响因素很多，情况复杂，很难规定统一的总体设计程序与方法。根据国内外对非点源研究、规划和治理工作的经验，非点源控制的总体设计程序包括四个阶段。

①非点源负荷量及特征调查。通过现场观测和非点源模拟计算，查清流域非点源的来源、强度及其特征，定量确定非点源的污染负荷量。

②计算湖泊水库非点源允许入湖负荷量，通过对湖泊水库点源、内源等调查，确定允许入湖负荷量，进而明确非点源允许入湖负荷量。

③确定非点源污染控制最佳方案。

④设计湖泊水库非点源污染控制的最佳总体方案。

（2）控制技术。非点源污染具有源头众多、污染产生和迁移空间差异显著、随机性大等特点，使非点源处理难度较大，很难采取点源污染控制的集中处理方式。因此，非点源控制主要根据湖泊水库流域系统不同生态位和污染物性质，设计各类污染控制工程、环境治理工程、水质净化工程和生态修复工程，综合运用各类工程措施进行污染物控制、截留、转化和治理。湖泊水库非点源污染控制技术可以分为工程技术和管理技术两大类(表 5-1)。

表 5-1　非点源技术一览表

分类	措施	简介
工程技术	工程修复，拦沙坝等技术结合草林复合系统，覆土植被等	主要针对山地水土流失区及侵蚀区，通过土石工程结合生物工程方法，控制水土流失和土壤侵蚀，恢复良好的生态系统
	前置库和沉砂池工程技术	主要应用于台地及一些入湖支流自然汇水区，利用泥砂沉降特征和生物净化作用，使径流在前置库塘中滞留时间增加，一方面使泥砂和颗粒态污染物沉降，另一方面生物对污染物也有一定的吸附利用作用
	拦砂植物带技术和绿化技术	拦砂植物带技术利用生物拦截，吸附净化作用可使泥砂、N、P 等污染物滞留，沉降绿化技术可广泛应用于堤岸保护、坡地农田防护等
	人工湿地与氧化塘技术	主要应用于污染农业区，特别适用于处理农田废水和村落废水的混合废水
	生物净化及少废农田工程技术	主要适用于土地利用强度较大，施肥量大的湖流农田区
	农田径流污染控制和农业生态工程技术	通过农业生态工程，将农业污染物输入生态循环之中，从而减少污染物的排放，达到径流污染控制的目的
	村落废水处理，农村垃圾与固体废物处理技术	适用于农村自然村落垃圾处理，地表径流污染物流失的治理
	林、草、农、林间作技术	应用于山地水土流失区，主要用于解决生态性质的立体条件
	截砂工程、截洪沟、土石工程、沟头防护、谷坊工程等技术	应用于强侵蚀区污染控制和生态恢复
管理技术	退耕还林、还草	在坡地用于治理水土流失，如果坡度大于 25°，应该提出退耕还林、还草，此外，湖滨区裸露耕地也应采取相同的措施
	休耕或轮作	通过农田耕作管理，以减少农田污染径流的产生
	施肥管理	通过建设优化配肥系统，加强对施肥方式的管理，避免盲目过量施肥
	农业面源的监测与监理	设立农田土壤环境定位监测系统加强对农田径流水量、水质、生态系统等环境因素的监测，以研究土壤肥力、污染负荷的动态变化，并及时提出应对措施，提高土壤肥力，减轻污染负荷
	土地科学利用	根据流域土地利用现状及各类用地需水情况，搞好水土平衡，以水定地，控制农用地发展；农业发展需纳入流域统一规划，因地制宜，合理配置
	湖滨封闭式管理	天然湖滨带可被认为是湖泊水库的保护带，它的保护是首先应遵守的生态学准则。因此应严禁沿带围垦；对已经存在的湖区耕地，必要时应退耕，恢复原有的生态系统
	环境管理政策及措施	主要指加强环境立法，建立专职机构，使农业面源的污染控制迅速走上科学管理的轨道

①工程技术。按照污染控制的途径，湖泊水库非点源污染控制采用的工程技术包括污染源头控制、污染迁移转化控制及污染物净化工程。污染物源头控制是针对流域污染物产生机制，采取生态工程和辅助措施降低污染物产生量，如通过农业生态工程使氮磷等污染物在农业生态系统中循环利用，降低污染物的产生量。污染迁移转化控制是通过采取一定工程手段(修建沟、渠、塘系统)，人为改变污染物迁移途径，降低污染物向水体的输送量。污染物净化工程是利用人工湿地、氧化塘滞留和去除污染物，或利用沟—塘系统使氮、磷等在流域内循环利用。

②湖泊水库非点源污染的管理措施。措施包括退耕还林、施肥管理、土地科学利用、农村非点源监测和管理、湖滨带封闭管理、加强立法和建立专职机构等。

有效控制湖泊水库非点源污染，通常是以流域环境生态区位和污染现状进行工程控制技术和相应的环境管理技术相结合的综合系统。

3. 前置库技术

前置库是指在受保护的湖泊水库水体上游支流，利用天然或人工库(塘)拦截暴雨径流，通过物理、化学及生物过程，使径流中污染物得到净化的工程措施。广义上讲，湖泊水库汇水区内的水库和坝塘都可看作湖泊水库的前置库，对入湖径流有不同程度的净化作用。

(1)技术原理。前置库是一个物化和生物综合反应器。污染物(泥砂、氮、磷及有机物)在前置库中的净化是物理沉降，化学沉降，化学转化及生物吸收、吸附和转化的综合过程。物理作用主要是由于暴雨径流进入前置库后，流速降低，大于临界沉降粒度的泥砂将在库区沉降下来，泥砂表面吸附的氮、磷等污染物同时沉降下来，径流得到净化。化学作用是通过添加化学试剂破坏径流中细颗粒泥砂及胶体的稳定状态，使其沉降，同时也可使溶解态的磷污染物发生转化，形成固态沉淀下来。通常使用的化学试剂有磷沉淀剂(铁盐)、脱磷剂和絮凝剂。前置库的生物作用表现在水生生物对去除氮磷污染物的作用。氮磷是水生生物生长的必需元素，水生生物从水体和底质中吸收大量氮磷满足生长需要，成熟后水生生物从前置库中去除被利用，从而带走大量氮磷；径流中氮磷污染物通过生物转化后，既减少了污染，又得到了再生利用；水生生物对有机物和金属、农药等污染也有较好的净化作用。

(2)工艺流程。在湖泊水库污染控制中所指的前置库工程，是为了控制径流污染而新建成对原有库塘进行改造，强化污染控制作用的工程措施，通常采用人工调整方式。暴雨径流污水，尤其是初场暴雨径流通过格栅去除漂浮物后引入沉砂池。经沉砂池初沉砂，去除较大粒径的泥砂及吸附态的磷、氮营养物。沉砂池出水经配水系统均匀分配到湿生植物带，湿生植物带在这起到“湿地”的净化作用，一部分泥砂和磷、氮营养物质被进一步去除。湿地出水进入生物塘，停留数天后，细颗粒物沉降，溶解态污染物被生物吸收利用，净化作用稳定后排放，出水可以农灌或直接入湖。经过多级净化后，径流污染能够得到较好的控制。

（二）内源污染控制

湖泊水库内源污染是指湖内污染底泥中的污染物重新排入水体的过程，包括污泥和水体内污染物的释放。

湖底沉积物是水环境生态系统的重要组成部分，为水生生物提供重要的栖息生境，具有重要的生态功能，被看成与水、大气和土壤并列的环境污染物迁移、转化和蓄积的“第四环境介质”。沉积物是流域污染物质循环中的主要蓄积库。对于污染严重的湖泊水库，一定环境条件下沉积物中长期累积的大量有害物质的突然释放，可能成为威胁水环境安全的潜在“化学定时炸弹”。底泥中污染物的释放过程与湖泊水库水环境状况及底泥的特性等密切相关，在湖泊水库的点源与非点源污染得到有效控制后，这一过程一般都会加快，即底泥污染物的释放速率会明显增加。因此，湖底沉积物中堆积的大量污染物向水体释放，是导致湖泊水库污染的一个不可忽略的来源。

对湖泊水库污染内源的控制主要采用沉积物疏浚工程、沉积物表面覆盖、曝气氧化、化学钝化处理等控制沉积污染物的释放。特别是对污染或淤积严重的浅水湖泊水库，疏浚工程运用最为普遍，效果也最为明显。

1. 沉积物疏浚

以污染湖泊水库内源污染控制和生态恢复为目的的沉积物环境疏浚，与普通的工程疏浚有很大不同。环境疏浚旨在清除湖泊水库水体中的污染底泥，并为水生生态系统的恢复创造条件，同时要与湖泊水库综合整治方案相协调；工程疏浚主要为某种工程的需要，如疏通航道、增容等而进行（表 5-2）。

表 5-2　环境疏浚与工程疏浚的区别

项目	环境疏浚	工程疏浚
生态要求	为水生植物恢复创造条件	无
工程目标	清除存在于底泥中的污染物	增加水体容积、维持航行深度
边界要求	按污染土层分布确定	底面平坦，断面规则
疏挖泥层厚度	较薄，一般小于 1 米	较厚，一般几米至几十米

续表

项目	环境疏浚	工程疏浚
对颗粒物扩散限制	尽量避免扩散及颗粒物再悬浮	不作限制
施工精度	5~10cm	20~50cm
设备选型	标准设备改造或专用设备	标准设备
工程监控	专项分析严格监控	一般控制
底泥处置	泥、水根据污染性质特殊处理	泥水分离后一般堆置

(1)疏挖技术种类。一般有两种形式。一种是将水抽干，然后使用推土机和刮泥机。这种方法应用非常有限，大多数应用在小型水库中。因为这种技术第一个明显的缺点是必须将所有的水放干或者用水泵抽干，第二个缺点是湖底或者水库底部必须脱水以便机械化作业。这种要求一般很难做到。第二种是采用带水作业，是真正的疏挖，应用也最多，可以采用机械式，也可以采用水力式，或者在某些情况下采用特殊形式。

①机械式疏挖。长臂泥斗疏挖施工主要应用在近岸边，尤其码头附近的底泥。长臂泥斗疏挖容易从一个挖泥点转移至另一个新的挖泥点，能够在比较小的工作面施工。长臂疏挖的主要缺点是必须将疏挖的底泥堆放在附近，一般在30~40m附近，而且疏挖速率比较缓慢。疏挖过程会经常因泥斗拖刮和泥水溢流等将水搅浑，被搅稀的底泥随之又难以进一步用泥斗捞挖。湖泊水库底部的坑洼不平也影响这种疏挖的实施。水搅浑的问题可以用聚乙烯布围挡，使之限定于一定的范围之内。

②水力疏挖。水力疏挖包括多种水力疏挖方式，如抽吸式、漏斗式、簸箕式、铣轮式等。目前，铣轮式挖泥机经常应用于内湖底泥疏挖。这种类型的设备通常轻巧便于移动，成为底泥疏挖的主力机械，形成了独特的底泥疏挖行业。铣轮式挖泥机主要机构包括支架、铣轮、泥斗、泥泵、电动机和输泥管等。

在挖泥操作中，松动的底泥进入抽吸头部，被离心式泵抽吸。被抽吸出来的底泥泥浆放置在远处的处置区。铣轮头部以一定的速率摆动，可以在更大范围连续抽吸底泥。但是铣轮式疏挖出来的底泥含水率相对比较低，一般含泥率为10%~20%，含水率为80%~90%。这意味着需要比较大的处理处置面积、空间，需要比较长的停留时间使悬浮固体沉淀下来。

底泥的抽吸量一般由铣轮旋转速率、吸刮厚度和摆动速率等决定，在实际操作中，需要相互协调。为了有效地抽吸松软的底泥，铣轮头出现了几种变形，包括螺旋铣头，其所抽吸出来的底泥含固量可以达到30%~40%，几乎是传统铣轮式挖泥机的2倍。

新型水力挖泥机采用真空泵和压缩空气泵交替作用，完成底泥抽吸、压出和输送过程，尤其针对松软的底泥更加有效。

另一种新型挖泥机采用特殊设计的旋转铣轮刮泥装置，加上活动的挡板、浮动翼板，可以引导旋转铣轮的挖泥方向。装置还装有一个宽阔的气体收集罩，能够将底泥中释放出来的氢气、甲烷和硫化氢等气体收集起来集中处理，避免污染。实际工程应用表明，新型挖泥系统能够高效率地抽吸松软的底泥层，最大限度地减少泛泥现象，降低含水率，所抽吸出来的底泥含固量可高达70%左右，使得疏浚工程更加经济和高效，对周围环境影响更小，甚至湖泊水库的渔业和娱乐活动都不会受到影响。

(2)底泥疏挖方案的制定。底泥疏浚工程方案设计技术内容包括设备的选择和底泥处置场的设计。设备的选择需要考虑设备的可得性、项目时间要求、底泥输送距离、排放压头、底泥的物理和化学特征等。底泥处置场的设计应考虑需要容纳的底泥容积、悬浮固体含量、底泥颗粒分布、相对密度、流变性或者塑性、沉降特征等。

底泥处置是限制疏挖的一个通常遇到的问题，因为一般需要大的处置面积，而疏挖地区通常人口比较密集，难以找到处置底泥所需要的地方。因此，有必要综合利用所疏挖的底泥。

一般而言，一个湖泊水库如果水比较浅、沉淀速率非常低、底泥有机物含量高、水力停留时间长、严重影响正常功能的发挥等，就需要进行疏挖。疏挖需要考虑底泥深度变化规律、颗粒分布、汇水面积及沉淀速率。底泥的深度随着湖泊水库的形态变化而变化。底泥的特征一般水平方向上比较均一，而在垂直方向上变化比较大，因此有必要调查底泥垂直分布特征，包括底泥成分、颗粒分布、容积、含水率、颜色和组织结构特征。

为了控制内源性污染及巨型水生植物的生长，需要确定疏挖底泥的深度，就目前来说尚没有明确的原则可循。同样，为了避免巨型水生植物过度生长，所需要疏挖底泥的厚度也比较难确定，涉及的因素包括温度、底泥结构、底泥营养程度及光线强度等。有的研究报道，在2m深的水层中，疏挖底泥1m，1年以后，水生植物60%恢复生长，而疏挖底泥深度达到1.4m和1.8m时，水生植物就没有恢复生长。

巨型水生植物通常能够生长在2m左右深度的水里。这也许意味着光线本身不是影响其生长的唯一因素。当然，对于巨型水生植物，只要能够控制其生长程度就可以了，而不必彻底从湖泊中铲除。因为，巨型水生植物能够为鱼提供产卵场所，为水禽提供食物，为野生动物提供栖息场所等。

(3)环境疏浚的工艺流程。环境疏浚主要考虑降低沉积物污染负荷，因此首先需要对沉积物中污染物种类、含量分布、剖面特征、沉积速率、化学及生态效应等进行详细调查和分析，确定疏浚范围、疏浚深度，在此基础上根据疏浚区现场条件，制定具体的工程方案。

(4)设计。

①疏挖底泥体积的确定。由于疏挖费用与疏挖底泥体积密切相关，准确估计待疏挖的底泥体积是非常重要的。一般的方法是收集或者测量底泥表面的地图，然后与原始底部地图比较，就可以估计出湖泊内待疏挖的体积。估计的准确度取决于取样测量点的间隔。

评估底泥体积的测量点的选取与湖泊形态构造及所要求的准确度有关。一般建议，对于小型湖泊，面积小于40hm^2，取样测量间隔为15m，而对于比较大型的湖泊，面积大于40hm^2，取样点间隔可以设置为30m。在取泥样测量中，可以用刻有刻度的直径为0.95~1.6cm的钢质钎杆探知水层深度和底泥厚度。水深应该在平静期间测量。

②挖泥机的选择。挖泥机位置距离底泥堆放场尽量近，避免泵力输送耗能太大。

根据底泥泵送距离和计划中的疏挖速率，从相关效能图表确定备选设备。

根据机器功率，假定机器工作三班倒，一天工作24h，但是考虑机器维修和管道挪动等，有效工作时间为20h。根据备选设备能力，计算每种备选设备完成疏挖任务所需要的总时间，比较选定铣轮设备。确定泵送底泥所需要的压头。压头与泵送速度压头(一般速度为3.0~4.0m/s)、底泥抬升压头、管道阻力压头(包括各部分阻力损失)等，在计算中需要考虑用底泥相对密度进行校正，确定泵的功率。

③底泥堆放场的设计。堆放场在所需要考虑的问题中仅次于设备选型。在设计底泥堆放场时，首先需要进行野外现场勘察，其次确定底泥的特征，包括含水率、有机成分比例、颗粒粒径分布、相对密度，并测定底泥沉降速率，底泥的沉降属于集团沉降，颗粒在沉降过程中相互作用等。

④疏浚沉积物处置。沉积物中的污染物必须进行无害化处理或采取防止污染扩散的措施，避免污染转移或产生二次污染。污染沉积物疏浚后一般要选择堆场来储存疏浚的沉积物。首先要设计注意符合环境疏浚特殊要求的疏浚沉积物堆场，堆场围埝的体积、结构和防渗应达到要求。堆场围埝可以是土埝、石埝和砂埝。国内一些湖泊水库环境疏浚工程中，铺设土工膜防渗是一种简单有效的措施。对场中疏浚沉积物沉积后的余水进行必要的处理和监测，以保证余水排放能够达到标准，必要时可以通过采取一定的物化方法(投加化学絮凝剂或增加过滤装置)控制排放余水水质。疏浚堆场中的污染沉积物通常采用物化、生物方法进行处理，常用的方法有颗粒分离、生物降解、化学提取等。疏浚沉积物可以循环利用。疏浚沉积物无害化后可以用于改良土壤或荒漠地区的表土层重建，用于湖滨绿化带建设。湖泊水库疏浚的沉积物具有颗粒细、可塑性高、结合力强、收缩率大的特点，可作为砖瓦生产材料。

湖泊水库沉积物疏浚可有效降低湖泊水库的污染负荷。沉积物中重金属、持久性有毒有机污染物等难降解污染物，也只能通过疏浚方法从湖泊水库中去除。但沉积物疏浚操作不当，可能引起一些环境问题，如沉积物疏浚过程中的扰动，使得底泥的扩散和颗粒物再悬浮，引起短时期内水体中污染物浓度升高，造成二次污染。另外，疏浚工程可能对湖泊水库底栖生态环境造成影响。由于疏浚方式和技术问题，疏浚后新生表层界面暴露，可能出现污染内源回复现象。底泥疏浚是一个高投入的方法，无论是挖掘、运输，还是污泥最终处置，都要消耗大量的人力和物力。因此，这一措施一般只用于利用价值较高的水体。

2. 湖泊水库沉积物原位处理技术

原位处理技术是在不疏挖沉积物的情况下，通过物理、化学和生物的方法处理污染沉积物，降低沉积物中污染物的迁移活性，以控制沉积物内源污染。原位技术与疏浚等异位沉积物处理相比具有方法简单、工程成本低的优点。按照处理原理，湖泊水库污染沉积物原位处理技术包括原位物理技术、原位化学技术和原位生物技术。其中，原位物理技术包括原位覆盖技术和原位封闭技术。

(1)原位覆盖技术。原位覆盖技术是在污染沉积水体物表面覆盖一层物质，如砂子、卵石和黏土等，依次隔离污染沉积物和水体，将污染封闭在沉积物中，达到控制沉积污染内源的目的。原位覆盖技术可以有效阻隔脂肪烃、重金属、耗氧物质、硝酸盐、磷酸盐、杀虫剂、多氯联苯和多环芳烃等污染物沉积物的释放。覆盖层物质一般是低污染的沉积物、砂砾或多种材料高聚合物(高密度聚乙烯、聚氯乙烯、聚丙烯和尼龙等)组成的复合层。

原位覆盖技术可以与疏浚结合，在疏浚后的新界面上形成一个阻隔层，有效地控制了污染释放。但由于覆盖层对沉积物的积压，可能导致沉积物和孔隙水位移，会影响覆盖层的完整。原位覆盖技术在湖底坡度大及水动力扰动大的湖区都受到较大限制。覆盖的第一步应该是勘察将被覆盖的现场，实验测试底泥打桩的可行性。如果底泥流动性大，就需要打比较深的桩；如果底泥太稀，就可能需要用砖或者水泥块覆盖。在施工过程中，覆盖材料应该紧贴底泥，不能留有气泡。

(2)原位封闭技术。对严重污染沉积物采取强化处理措施，采用物理措施将污染沉积物完全与水体分隔。分隔手段包括隔离膜、围堰、土/石堤坝等。很多情况下，其他湖区疏浚污染物也可堆放于该区域内。目前最大的施工实例是日本的水俣湾，由于沉积物受到严重的汞污染，建立 $58hm^2$ 的围隔，同时容纳其他湖区的 150 万 m^3 的汞污染沉积物，污染沉积物被火山灰、砂等覆盖。

(3)原位化学处理技术。添加化学试剂使沉积物发生化学反应，限制沉积污染物的释放。美国EPA在20世纪90年代采用此法对一些水库和湖泊进行处理，以控制水体的富营养化。其原理是通过投加硫酸铝，在沉积物表层形成缓冲层，当沉积物中的磷酸盐迁移到表层时，与之反应形成磷酸铝化合物沉淀。原位化学处理法还可以通过加入硝酸钙、氯化铁和石灰，达到控制沉积磷释放的目的。硝酸根氧化还原电位仅次于氧，硝酸钙作为电子受体，使沉积物的氧化层渗透深度加大，亚铁离子被氧化，形成未定型的或短程有序的水合氢氧化铁，由于氢氧化铁对磷酸盐具有强烈的吸附作用，因此可以阻止沉积物中溶解磷酸盐的迁移。沉淀技术发挥作用比较快，但是难以发挥长效作用，因此一般作为临时措施使用。如果将大量氢氧化铝投加覆盖在底泥表面，就可以随时吸附任何从底泥中释放的磷或者形成铝酸盐。通过这种方法，内源性的磷可以在比较长的时期内(如几年)得到抑制，从而抑制湖泊水库的富营养化。

(4)原位生物处理技术。原位生物处理是通过植物直接吸收、根系微生物降解等作用，使沉积物中污染物分解或转化。原位生物处理可以对填埋的疏浚沉积物堆场进行处理，也可以运用于湖泊水库沉积物的固定和污染物处理。研究表明，水生植物根茎能控制底泥中营养物质的释放，而在生长后期又能较方便地去除，带走部分营养物质。高等水生植物可提供微生物生长所需的碳源和能源，根系周围的好氧细菌数量多，使得水溶性差的芳香烃化合物在根系旁能被迅速降解。

(5)原位沉积物钝化技术。通过改变沉积物的物理化学性质，降低沉积物中污染物向周围环境释放的可能。沉积物中的污染物一般通过淋滤作用向水体或地下水迁移，可向沉积物中添加“固定剂”，使污染物活性降低。通常使用的“固定剂”包括水泥、火山灰及塑化剂。专业设备采用空心钻达到一定沉积深度，然后用低压将“固定剂”送入沉积物。

(三)水动力学修复

湖泊水库的水动力学修复是被广泛应用的技术之一，通过人工措施，防止水体分层或者破坏已经形成的分层，提高湖泊水库水体溶解氧的浓度，控制内源性污染，降低湖泊水库水体污染物的浓度，改善水体环境，达到污染湖泊水库水环境修复的目的。水动力学修复技术包括稀释或冲刷、人工曝气、底层水取出、人工环流等，这里以人工循环为例进行介绍。

1. 原理

人工循环技术是与人工曝气相似的湖泊水库水环境改善措施。通过向湖底泵送压缩空气，产生水体环流，凭借水体交换消除或防止湖泊水库的水体温度分层，进而改善水质，其原理类似于“人工曝气”。人工循环可以通过泵、射流或者曝气实现，通常是完全循环，这样可以防止水体分层或者破坏已经形成的分层。通过循环，深层水与表层水得到置换，深层水体溶解氧将得到明显的提高，而表层水体的溶解氧可能相对减少。通过水体循环，可有效控制湖泊水库的藻类生物量。由于上、下层湖水的混合，藻类细胞在光照强度弱的下层水体中的滞留时间增加，从而降低光合作用的净生产力水平。小型浮游动物被水体循环带入湖底，减少被鱼类捕食的机会，使湖泊水库中有更多的藻类消费者(浮游动物)。经过水体循环，溶解氧增加，污染物质氧化加快，改善了好氧水体生物的生存环境。

水体循环最主要的作用是提高湖泊水库水环境的溶解氧浓度。水体循环作用使得下层厌氧水体补氧，有效降低沉积物中磷的活化能力和释放通量，从而控制了内源性污染源。

2. 设计

水体循环一般用压缩空气向底部曝气，随着气泡的上升，在被充氧的同时，水流被提升至表面，使水体形成循环。也可以采用泵或者射流的方法，但是比较而言，成本都比较高。曝气位置一般选择在湖泊水库最深处，效果最好。因为深度大，气流上升速度快，水体循环也快。曝气设备一般置于水体最深层，但是需要距离底泥 1~2m，以防底泥泛起。

人工水体循环的采用也带来了一些副作用。人工循环加快磷从底层传递至水体表层，尤其是原本可能沉淀的颗粒状磷在表层通过生物作用变成溶解性的物质。由于黏土颗粒和浮游生物等数量增加，水体透明度可能下降。藻类生物的增加和光合作用的增强，导致 CO_2 浓度下降，相应 pH 值上升。水体循环可能抑制藻类的沉淀，导致更多的藻类繁殖。

(四)藻类控制和去除

水华是湖泊水库富营养化的一个显著特征。水华的爆发不仅会使湖泊水库水质下降，而且会影响湖泊水库的自净能力，进一步恶化湖泊水库的生态功能。所以，通常采用藻类控制与去除技术，防治藻类大面积的繁殖和水华的频繁发生。

1. 物理法

(1)人工解层。人为地使各水层混合，消除热分层。热分层可能是蓝藻水华发生或衰亡的关键因素，解层作用限制了蓝藻对光的利用。解层还可以使透光区的平均温度降低，抑制藻类生长。

(2)混凝沉淀。向水中投加泥、黏土(高岭土、蒙脱土等)，在水中分散形成大量的悬浮颗粒，颗粒之间及颗粒与藻细胞之间通过重力差异性沉降、布朗运动、水流切应力等作用发生碰撞聚集，最后在重力作用下沉降于水底，从而消除湖面水华。

(3)机械打捞。机械打捞是一种费时费力的办法，适用于流入水体养分数量不大的情况，即在一次有效打捞后，其效果可以维持几年的情况。这种方法还适用于有特别景观要求的旅游场，所以通常作为藻类大暴发的应急措施。

2. 化学法

化学药剂法是利用杀藻剂杀死藻类，从而消除湖面水华的方法。化学药剂法是最方便、快捷的一种除藻方法，常用作应急措施，尤其在住宅区或景观区使用效果较好。但是在杀死靶标生物的同时，非靶标浮游生物也会被杀死，使依靠这些生产者的鱼类和其他生物受到影响。另外，残留的药剂很容易形成二次污染。同时，由于藻类残体会漂浮于水中或沉入湖底，营养物质仍然留在湖内，养分过多这一根本问题依然未得到解决。更为重要的是，一旦除藻剂被降解或稀释，藻类可能重新大暴发。

3. 生物法

生物学控制技术是利用水生动物、水生植物、藻类病原菌、病毒来控制、抑制和杀死藻类的方法。在水中放养大型水生植物和大型藻类，一方面可通过竞争作用抑制蓝绿藻的生长；另一方面，大型藻类易于收获，因此可从湖泊水库内除去氮、磷营养物质。养殖食藻鱼、控制食浮游动物的鱼类是有效的控制方法。利用致病微生物控制藻类是生物法的一种新途径，即向水中投放藻类致病细菌或病毒，使之染病死亡。病原菌可以在发生藻华的水体中分离得到，或者采用基因工程手段得到。生物法具有无污染，费用低，除藻、抑藻效率高的优点，有着广泛的应用前景。

(五)生态修复

1. 湖滨带生态恢复

湖滨带是湖泊水库水域与流域陆地生态系统间一个重要的生态过渡带。来自陆地的矿物质、营养物质、有机物质和有毒物质在地形和水文过程的作用下，通过各种物理、化学和生物过程穿过湖滨带才能进入湖泊水库水体。因此，湖滨带是湖泊水库重要的一道天然屏障，是健康的湖泊水库生态系统的重要组成部分。由于不同生态系统之间的相互作用，湖滨带有特别丰富的植物区系和动物区系，不仅可以有效滞留陆源输入的污染物，还具有净化湖水水质的功能。

由于自然原因和人为活动，许多湖泊水库湖滨带生态系统遭到严重破坏。湖滨带的生态恢复就是在湖滨带生态调查和主要环境因子辨识的基础上，按照生态学规律，利用种群置换手段，用人工选择的组分逐步取代现有的退化系统组分，人工合理调控湖滨带结构，使受害或退化的生态系统重新获得健康，并有益于人类的生态系统重构或再生过程。湖滨带生态修复的主要内容包括以下方面。

(1)湖滨带物理基底的修复，需要通过工程措施，利用湖泊水库自然动力学过程(自然淤积、生物促淤)来实现。通过修建临时或半永久的水工设施，如软式围隔、丁字坝、破浪潜体、木篱式消浪墙等，降低恢复区风浪对工程的影响。对于浅滩环境的修复，可以采用抽吸式清淤机械，将被搬运到湖心的泥土运回，堆筑成人造浅滩。利用围隔促进水体透明度增加，从而有利于沉水植物的生长。

(2)水生植物组建。首先是先锋植物的培育，在此基础上通过自然或人工群落置换。先锋植物一般选择体型高大、营养繁殖力强、能迅速形成群落的挺水植物种类。我国湖泊水库湖滨带恢复中，先锋植物通常选用芦苇、茭草和香蒲等。

(3)水生植物群落的优化。在先锋植物群落稳定后，根据生物的互利共生、生态位原理、生物群落的环境功能、生物群落的节律匹配及景观美学要求等，使湖泊水库湖滨带植被群落结构趋向优化，逐步达到生物多样性要求。

2. 水生植被恢复技术

湖泊水库水生植被由生长在湖泊水库浅水区和湖周滩地上的沉水植物群落、浮叶植物群落、漂浮植物群落、挺水植物群落及湿生植物群落共同组成。水生植物在其生长期间可有效吸收与富集水中和底质中的营养盐，起着“营养泵”和“营养库”的作用，合理构建并维持水生植物生物量，可转移出氮、磷等营养盐，各类漂浮植物、浮叶植物、挺水植物和沉水植物等水生植被的恢复和重建可有效分配水体营养盐，避免单一优势种的过度滋生，保持水体净化能力。水生植被恢复要根据退化水生态系统受损过程的分析，筛选适应退化环境下不同生态位的植物物种，配置结构合理、层次立体化、组成复杂的动态群落模式，从而促进初级生产者的恢复与保存，建立良好的系统营养关系与食物网络。人工辅助是湖泊水库植被生态恢复的必要措施，通过对湖泊水库环境调控，可以有效促进水生植被的自然恢复。这些措施包括：

①通过多种措施改善植物生境条件，如采用围隔消浪、促淤、底质改善、降低水位等方法。

②改善湖底光照，通过增加水体透明度、水下补光等措施增加光补偿深度，促进沉水植物恢复。

③植被人工重建，在已丧失自动恢复能力湖区或不符合水质改善要求的情况下，可通过生态工程进行人工重建。

水生植被的恢复技术包括植物物种选育和培养技术、物种引入技术、物种保护技术、种群动态调控技术、群落结构优化配置与组建技术、群落演替控制与恢复控制技术等。

3. 生物操纵技术

生物操纵是指通过对湖泊水库生物群及其栖息地的一系列调节，以增强其中的某些相互作用，促使浮游植物生物量下降。在湖泊水库生态系统中，水生生物链是从底栖动物→藻类→浮游动物/草食鱼类→食浮游生物鱼类→食鱼鱼类来完成的。所以，水体中的藻类除受营养物质的控制外，作为食物链中的一环，也受到浮游动物和鱼类的控制。因此，可以通过调控食物链的环节，来达到改善湖泊水库水质的目的。

第二节　污染河流水环境修复工程

一、河流水环境修复

（一）河流水环境修复概述

河流水环境修复是指将受污染的河流恢复至原来没有受污染的状态，或者恢复到某种合适的状态。在实际修复中，一般很难将河流修复到原来没有受到人为干扰的状态。因此，一般只是适当修复，既恢复河流的生态功能，又能够满足人类的需求。河流的保护，指维持水系的物理、化学和生态的整体状态，保护意味着维持不受污染或者所受污染不会继续恶化。

从20世纪50年代开始，河流水环境修复经历了单一水质恢复、河流生态系统恢复、大型河流生态恢复及流域尺度的整体生态恢复等若干阶段。

1. 河流水质恢复

水质恢复以污水处理为重点，主要以水质的化学指标达标为目标的河流保护行动。由于工业急剧发展，城市规模扩大，工业和生活污水直接排入河流，造成河流污染严重。从20世纪50年代起，河流治理的重点是污水处理和河流水质保护。

2. 山区溪流和小型河流的生态恢复

自20世纪80年代初期开始，河流保护的重点从认识上发生了重大转变，河流的管理从以改善水质为重点，拓展到河流生态系统的恢复。这个阶段河流生态恢复活动主要集中在阿尔卑斯山地区的国家，如德国、瑞士、奥地利等，恢复对象是小型溪流，恢复目标多为单个物种恢复，称为“近自然河流治理”工程。此时，河流水环境修复注重发挥河流生态系统的整体功能；注重河流在三维空间内植物分布、动物迁徙和生态过程中相互制约与相互影响的作用；注重河流作为生态景观和基因库的作用。河川的生态工程在德国称为“河川生态自然工程”，日本称为“近自然工事”或“多自然型建设工法”，美国称为“自然河道设计技术”。一些国家已经颁布了相关的技术规范和标准。

3. 流域尺度的整体生态恢复

河流生态系统是由生物系统、广义水文系统和人工设施系统三个子系统组成的大系统。生物系统包括河流系统的动物、植物和微生物。广义水文系统包括从发源地直到河口的上中下游地带，流域中由河流串联起来的湖泊、湿地、水塘、沼泽和洪泛区，以及作为整体存在的地下水与地表水系统。水文系统又与生物系统交织在一起，形成水域生态系统。而人类活动和工程设施作为生态环境的一部分，形成对水域生态系统的正负影响。因此，河流生态恢复不能只限于某些河段的恢复或者河道本身的恢复，而是要着眼于生态景观尺度的整体恢复。以流域为尺度的整体生态恢复，是20世纪90年代提出的命题。

（二）河流水环境修复的目标

河流的修复程度取决于许多因素，如环境质量下降的程度、河流自我恢复的能力等。修复项目的限制条件包括环境的变化、土地的开发、河流作用的变迁及项目财政状况等。

由于环境的变迁，河流修复很难使其恢复到“原始”状态。而且这种修复甚至需要改变相应的汇水流域环境和泥沙的输运，可能需要改变土地的用途。因此，河流修复的目标需要根据环境的变化、经济状况和汇水流域的变迁而具体情况具体分析。

许多地方，尤其在城市地区，对于河流的修复纯粹是从景观美学的角度出发。实践表明，这种修复方式很可能加剧水质的污染。以景观美学为目的的河流修复往往铺筑石头或者水泥混凝土界面的河岸，建成水泥或石头的河床，导致水流速度加快。实际上，雨水冲刷会将静止界面上的各种物质包括油、橡胶、金属、油漆等各种有害物质带入水流中，这种河流流动速度被人为加快，且这种界面不利于水生生物生存繁殖。而河流生态修复一般包括恢复垫层、池塘和浅滩。

因此，河流修复对于不同专业的人员，有不同的理解。河流长远目标管理人员倾向于美学景观，而科学家赞成生态意义上的修复，也有的人强调自然恢复，但自然恢复可能需要上百年的时间。此时，需要对河流进行人工干预，加速非常高。修岸由于河流污染重、生态差、问题多，修复工作难以一蹴而就，因此河流水环境修复目标可以分为长远目标和近期目标。

（三）河流水环境修复的原则

河流水环境修复应从流域出发，依据不同河流的特点、环境问题、修复目标等因素综合考虑，全面设计，突出重点。

1. 从流域出发的原则

河流水环境修复工作，仅仅着眼于河流水体本身，往往治标不治本，必须从流域的高度和角度统筹分析，综合考虑流域的社会经济产业结构、土地利用和分配、污染治理措施和力度、处理设施运行和管理等诸多方面，使水环境修复工作取得切实成效。

2. 坚持可持续发展的原则

以可持续发展为基本原则，河流水环境修复应与所在地区的社会经济发展、生态建设紧密结合，在水环境改善的同时考虑产业结构优化调整，实现环境与经济双赢战略，促进环境、社会与经济协调发展，确保流域水资源的永续利用和经济社会的可持续发展。

3. 遵循自然原则

在河流水环境修复中，应遵循自然原则，充分利用流域水系的自然生态优势，深入挖掘河流的自我修复能力，实施最小人工干预的自然修复原则。在开展综合修复之前，应当开展河流生态健康的调查与评估，保护好尚具有原生态和天然生态系统结构的部分河段；针对生态环境已发生退化或被破坏的部分，可采取人工修复的方法。在修复过程中，应尽量参考原有的自然生态系统结构与组成，使得修复后的河流结构和功能尽量恢复到受干扰前的状态。若无法恢复到被破坏前的状态，也需参照类似河流、相似区域以及相近天然生态系统的结构来修复河流的生态组成和服务功能。

4. 坚持水量、水质与水生态“三修复”原则

河流水环境修复方案设计应坚持水量、水质与水生态协调统一，与文明管理有机结合的原则。从河流的优化水量水位保障、水污染防治与水质改善、生态系统良性循环、水体与沿岸景观的控制、河流的防洪安全及防枯调度、河川文化的延续等方面全面考虑，体现水资源、水生态、水环境三位一体的设计思想。

（四）河流水环境修复的核心内涵

河流修复应当充分体现“水量、水质、生态、安全、管理”的核心内涵。

1. 水量修复

河流水量修复应当是河流水环境修复的首要任务。水量是河流体系中最重要的要素，没有水量就没有水质，没有水量就没有河流的生态服务功能。因此，应当充分重视修复河流的基流，优化河流水量水位。

2. 水质改善

河流水质改善，可以采取控制、净化、修复的技术思路，解决入河污染源的问题，以截污治污为综合治理基础，控制沿河漏排、直排污染源，结合污染底泥疏挖处理处置。同时结合生态堤岸建设等多种生态修复工程，形成河流水质改善与生态修复的完整体系。

3. 生态修复

人们对河流生态系统的干扰与影响，使得河流堤岸人为化，岸边生态系统退化，河流自然景观消失，生物栖息地破坏等，导致河流的自然特性弱化与生态结构破坏，河流的服务功能全面退化。因此，在河流水环境的修复之中，逐步恢复河流生命水体特征，修复河流的生态结构和功能的生态修复，与河流水量修复、水质修复共同组成河流修复的关键举措。

（五）河流水环境修复的总体框架

河流修复的总体方案应当根据河流的特征、水污染状况、生态破坏程度以及修复项目的目标进行科学合理的编制，总体而言，河流修复的总体框架包括河流污染源控制、河流基流/水位与安全保障、河流水量补给与保障、河流水质改善、河流生境改善、河流水生态修复、河流景观修复和河流生态文明管理等方面。不同的河流，修复的内容、侧重点和措施不尽相同。

二、河流水环境修复工程

（一）污染控制

过量纳污是河流环境污染与生态破坏的根本原因，控制入河污染是河流环境修复的根本措施。污染控制是根据河流修复的水质目标，进行水体污染物总量控制，开展流域污染源的源头控制和污染减排工程。源头控制措施包括区域产业结构优化、工业企业清洁生产、产业园区循环经济、固体废物源头收集和资源化、流域综合节水和降雨径流源头控制等。污染减排工程包括工业废水处理和达标排放、污水集中收集和处理、入河截污工程、分散入河污水收集和处理以及城市降雨径流污染控制等。下面介绍入河截污和分散污水处理。

1. 入河截污

截污是将污水收集后排放至市政污水管道系统，最大限度地消减入河外源污染物，是河流水质改善的根本和前提。截污工程包括水体沿岸污水排放口、分流制雨水管道初期雨水或旱流水排放口、合流制污水系统沿岸排放口等永久性工程治理。

2. 分散入河污水处理

随着污水处理设施的建设，集中排放的工业和生活污水得到控制，分散入河污水对河流水环境的影响日益凸显。分散入河污水一般为城中村、分散村落产生的污水，由于位置分散、污水量小，很难按照城镇污水集中处理的方式进行，通常要因地制宜地采用小型、造价低、维护容易的污水处理技术。

(1)分散入河污水的水质水量特点。

①单一排放口污水量少，总负荷大，这些污水基本上未经任何处理便直接排放入河，成为河流污染的主要污染负荷之一。

②水质、水量波动大。以村镇生活污水为例，其排放不均匀，水量变化明显，日变化系数一般为 3.0~5.0，在某些变化较大的情形下甚至可能达到 10.0 以上。

(2)分散入河污水处理模式与技术。针对分散入河污水的特点，分散入河污水处理技术应满足冲击负荷能力强、宜就近单独处理、建设费用低、操作管理简单等要求。目前，研究和应用较多的技术包括土地处理、人工湿地生态处理、地埋式有/无动力一体化设施处理、氧化塘、生物接触氧化等。为保证后续处理效率，部分地区还开展了源分离技术方法研究和实践，将生活污水中的黑水与灰水分离处理。

目前，分散入河污水处理系统的技术模式主要包括：

①分散处理模式。治理区域范围内村庄布局分散、人口规模较小、地形条件复杂、污水不易集中收集的连片村庄，多采用无动力庭院式小型湿地、污水净化池和小型净化槽等分散处理技术。

②适度集中处理模式。村庄布局相对密集、人口规模大、经济条件好、村镇企业或旅游业发达的连片村庄，可采用活性污泥法、生物接触氧化法、氧化沟法和人工湿地等进行适度的集中处理。

分散生活污水处理按照流程一般分为预处理、生化处理、深度处理三个阶段，见表 5-3。具体需要根据当地情况，进行技术的筛选和组合。

表 5-3 农村生活污水处理流程

序号	阶段	常用工艺	目的
1	预处理	格栅、调节池、沉淀池、化粪池、沼气净化池等	去除部分悬浮物和部分 COD、BOD_5
2	生化处理	厌氧—缺氧—好氧活性污泥法、污泥自回流曝气沉淀工艺、序批式活性污泥法、生物接触氧化法、膜生物法等	去除大部分 COD、BOD，和部分氮、磷等
3	深度处理	人工湿地、稳定塘、土地处理、过滤等	进一步去除 COD、BOD_5、氮、磷及其他污染因子

三种常见处理工艺组合包括：

厌氧生物处理+自然处理：适用于经济条件一般，空闲地比较宽裕，拥有自然池塘或限制沟渠，周边无特殊环境敏感点的村庄，如选择人工湿地，需要一定的空闲土地。处理规模一般小于 800m^3/d。

沼气池+厌氧生物处理+人工湿地：适用于有畜禽养殖的村镇，房屋间距较大、四周较空旷、沼气回用、周边有农田可以消纳全部的沼液和沼渣，宜做单户、联户使用。

厌氧生物处理+好氧生物处理+自然处理：适用于居住集聚程度较高、经济条件相对较好、对氮磷去除要求较高的村庄。

(二)环境疏浚

环境疏浚(Environmental Dredging)主要是清除水体的内源污染。水体中的内污染源(Internal Pollution Source)是指通过入湖河流、水体养殖、旅游、船舶、水生植物残骸以及大气干湿沉降等方式输入及河流本身携带的污染物与泥沙结合在一起形成的污染底泥。当外源污染得到控制后，内源污染是水体水质好坏的决定性因素。水体污染治理必须“内外兼治”，不仅要严格控制外源性污染物和营养物质的输入，还要通过底泥疏浚、底泥氧化、覆盖底泥层等技术措施达到治理内源污染的目的。

1. 疏浚设备

根据工程施工环境、工程条件和环保要求，通过技术经济论证，综合比较，选择环保性能优良、挖泥精度高、施工效率高的疏浚设备。对于 N、P 污染底泥，一般选用环保绞吸挖泥船、气力泵等环保疏浚设备；对于重金属污染底泥，一般选用环保绞吸挖泥船、气力泵和环保抓斗等环保疏浚设备；对于含有毒有害有机物的污染底泥，宜选用环保抓斗挖泥船。

2. 疏浚的施工

(1)施工方式。选定了疏浚施工设备后，根据不同条件采用分段、分层、分条施工方法。对于环保绞吸挖泥船，当挖槽长度大于挖泥船浮筒管线有效伸展长度时应分段施工；当挖泥厚度大于绞刀一次最大挖泥厚度时应分层施工；当挖槽宽度大于挖泥船一次最大挖宽时应分条施工。对于环保斗式挖泥船，当挖槽长度大于挖泥船抛一次主锚能提供的最大挖泥长度时应分段施工；当挖泥厚度大于泥斗一次有效挖泥厚度时应分层施工；当挖槽宽度大于挖泥船一次最大挖宽时应分条施工。对环保疏浚工程，应先疏挖完上层流动浮泥后再疏挖下层污染底泥。对于近岸水域部分，为保护岸坡稳定，可采用“吸泥”方式施工。

(2)施工工艺流程。环保绞吸式挖泥船施工的主要工艺流程根据输送距离长短分为两种：

①短距离输送。挖泥船挖泥→排泥管道输送→泥浆进入堆场→泥浆沉淀→余水处理→余水排放。

②长距离输送。挖泥船挖泥→排泥管道输送→接力泵输送→排泥管道输送→泥浆进入堆场→泥浆沉淀→余水处理→余水排放。

环保斗式挖泥船施工的主要工艺流程根据输送方式分为两种：

①陆上输送。挖泥船挖泥→泥驳运输→污泥卸驳上岸→封闭自卸汽车运送→污泥倒入堆场或二次利用。

②水上运输。挖泥船挖泥→泥驳运输→污泥卸驳→堆场存放。

污染底泥输送方式包括管道输送、汽车输送及船舶输送。

3. 堆场选择与设计

(1)堆场选择原则。堆场选择原则有：

①符合国家现行有关法律、法规和规定。

②符合地方总体规划和湖泊河流总体治理规划要求。

③符合环境保护要求。

④满足工程要求，包括堆场面积和容积是否满足工程要求，堆场排水是否可行等。

⑤尽量选择低洼地、废弃的鱼塘等，少占用耕地。

⑥尽量选择有渗透系数小或对污染物有吸附作用土层的场地。

(2)堆场形式。按照堆存方式可分为常规堆场和大型土工管袋堆场两种。常规堆场是通过建造围埝而形成的堆泥场，一般宜尽量利用现成的封闭低洼地、废弃的鱼塘等作为污染底泥的堆放场地，以减少围埝高度和降低围埝建造成本。土工管袋堆场由基础、高强度土工布织成的大型管袋(具有脱水减容的功能)、副坝等组成，污染底泥直接存储在大型土工管袋中。

(3)余水应急净化处理设施。余水应急处理方法包括设立事故储水池、设立应急加药设备等。在场地条件允许的情况下，在堆场附近设立应急事故储水池。储水池容积根据施工地点的具体条件，可设计储存2~4h余水量的池容。储水池应采取一定的防渗措施，以此作为事故或紧急情况下未达标余水应急储存及处理的地点。场地条件不允许的情况下，应储备余水应急处理的絮凝剂及投药设备，以备紧急情况下增加投药量所需。

(4)堆场后处理。

①堆场快速脱水。堆场底泥快速脱水方法包括表面排水和渐进开沟排水法、沙井堆载预压法、塑料排水带堆载预压法、真空预压法、机械脱水法及管道投药快速脱水干化法。

②堆场快速植草。优先考虑选择工程区内符合条件的本土草种，同时考虑草种生长及污染修复问题，综合考虑经济、生态、景观问题、外来物种与本土物种等因素。快速生长草种有黑麦草、白三叶、苇状羊茅、象草、串叶松香草、紫花苜蓿。可根据牧草种类、土壤和气候条件确定具体播种方式。播种方式一般可分为条播、点播和撒播。

4. 疏浚技术存在的问题

疏浚技术存在的问题有：

(1)成本高。

(2)如果疏浚过程中采取的疏浚方案不当或技术措施不力，很容易导致底泥孔隙水中的磷及其他污染物质重新进入水体，也有可能在水流和风的作用下将释放的污染物质扩散进入表层水体。

(3)疏浚过深会去除底栖生物，破坏鱼类的食物链，破坏原有的生态系统。如果底泥被完全疏挖，可能需要2~3年才能重新建立底栖生物群落，不利于水生生态系统的自我修复。

(三)底泥原位处理

河流底泥原位处理是在不移除污染底泥的前提下，采取措施防止或控制底泥中的污染物进入水体，主要有底泥原位覆盖、化学修复和生物修复等。

1. 底泥覆盖

(1)基本原理。底泥原位覆盖技术又称为封闭、掩蔽或密封技术，主要是通过在污染底泥上放置一层或多层覆盖物，使污染底泥与水体隔离，防止底泥污染物向水体迁移，采用的覆盖物主要有未污染的底泥、清洁砂子、砾石、钙基膨润土、灰渣、人工沸石、水泥，还可以采用方解石、粉煤灰、活性炭、土工织物或一些复杂的人造地基材料等。底泥覆盖的功能包括：

①通过覆盖层，将污染底泥与上层水体物理性隔开。

②覆盖作用可稳固污染底泥，防止其再悬浮或迁移。

③通过覆盖物中有机颗粒的吸附作用，有效削减污染底泥中污染物进入上层水体。

④改良表层沉积物的生境。底泥原位覆盖技术可与底泥疏浚技术联用，将表层污染沉积物进行有效疏浚后，在残留底泥表面铺设覆盖材料，以防疏浚后沉积物的重新悬浮和残留污染物的释放。

(2)技术关键。覆盖层是该项技术的关键，覆盖的形式可以是单层的，也可以是多层的。通常会添加一些要素来增强该技术的功能，如在覆盖层上添加保护层或加固层(以防止覆盖材料上浮或水力侵蚀等)及生物扰动层(防止生物扰动加快污染物的扩散)。根据使用的覆盖材料的不同，可以将原位覆盖技术分为被动覆盖和主动覆盖两种。被动覆盖技术主要是使用被动覆盖材料(如沙子、黏土、碎石等)处理有机污染和重金属污染的底泥；主动覆盖技术主要是利用化学性主动覆盖材料(如焦炭和活性炭等)隔离处理底泥中营养盐等污染物，也有一些企业生产具有特定功能的主动覆盖材料。底泥原位覆盖的施工方式主要有表层机械倾倒、移动驳船表层撒布、水力喷射表层覆盖、驳船下水覆盖、隔离单元覆盖。影响底泥原位覆盖技术的关键指标有底泥环境特征指标、覆盖材料的材质、覆盖层的厚度及覆盖的施工方式选取等。

(3)优点与局限性。相比于别的控制技术，底泥原位覆盖技术花费低，对环境潜在的危害小，适用于多种污染类型的底泥，便于施工，应用范围较广。但该技术也存在明显的局限性：一方面，由于投加覆盖材料会增加水体中底质的体积，减少水体的有效容积，因而在浅水或水深有一定要求的水域不宜采用；另一方面，在水体流动较快的水域，覆盖后覆盖材料会被水流侵蚀，也会改变水流流速、水力水压等条件，如果对这些水力条件有要求，也不宜采用。

2. 底泥原位化学修复

(1)基本原理。原位化学修复是向受污染的水体中投放一种或多种化学制剂，通过化学反应消除底泥中的污染物或改变原有污染物的性状，为后续微生物降解作用提供有利条件。用于修复污染底泥的化学方法主要有氧化还原法、湿式氧化法、化学脱氧法、化学浸提法、聚合、络合、水解和调节 pH 值等。其中，氧化还原法适于修复复合污染底泥；化学脱氯法是用于修复多氯污染物污染底泥的常用方法；化学浸提对重金属污染底泥的修复非常有效。目前较多应用的化学修复药剂有氯化铁、铝盐、CaO、CaO_2、$Ca(NO_3)_2$ 和 $NaNO_3$ 等。

(2)优点和局限性。化学修复方法见效快，目前应用较为广泛。不过由于化学修复需要使用大量的化学药剂，制剂用量难以把控，而且一些化学制剂本身对水体生态环境有影响，同时化学反应可能受 pH 值、温度、氧化还原状态、底栖生物等的影响。如运用原位钝化技术处理底泥时，作为钝化剂的铝盐、铁盐、钙盐应用环境各有不同。同时，由于风浪、底栖生物的扰动会使钝化层失效，使底泥中的污染物重新释放出来，影响了钝化处理的效果。

3. 底泥原位生物修复

(1)基本原理。污染底泥的原位生物修复分为原位工程修复和原位自然修复。原位工程修复是通过加入微生物生长所需营养来提高生物活性，或添加培养的具有特殊亲和性的微生物来加快底泥环境的修复；原位自然修复是利用底泥环境中原有微生物，在自然条件下创造适宜条件进行污染底泥的生物修复。

自然河流中有大量的植物和微生物，它们都有降解污染有机物的作用，植物还可以向水里补充氧气，有利于防止污染。河流底泥的原位生物修复包括微生物修复(狭义上)和水生生物修复两大部分，两者可互相配合，达到要求的治理效果。运用水生植物和微生物共同组成的生态系统能有效地去除多环芳烃的污染。高等水生植物可提供微生物生长所需的碳源和能源，根系周围好氧菌数量多，使得水溶性差的芳香烃，如菲、蒽及三氯乙烯在根系旁能被迅速降解。根周围渗出液的存在，能提高降解微生物的活性。种植的水生植物的根茎能控制底泥中营养物的释放，而在生长后期又能较方便地去除，带走部分营养物。

(2)优点和局限性。

优点：

①原位生物修复技术在所有修复技术中成本是相对较低的。

②环境影响小，原位修复只是一个自然过程的强化，不破坏原有底泥的物理、化学、生物性质，其最终产物是 CO_2、水和脂肪酸等，不会形成二次污染或导致污染的转移，可以达到将污染物永久去除的目的。

③最大限度地降低污染物浓度，原位生物修复技术可以将污染物的残留浓度降至很低，如经处理后，BTX(苯、甲苯和二甲苯)总浓度可降至低于检测限。

④修复形式多样。

⑤应用广泛，可修复各种不同种类的污染物，如石油、农药、除草剂、塑料等，无论小面积还是大面积污染均可应用。

当然，原位生物修复有其自身的局限性，主要表现在：

①由于原位生物修复是一个强化的自然过程，修复速度较慢，是一个长期的过程，不能达到立竿见影的效果。

②微生物不能降解所有进入环境的污染物，污染物的难降解性、不溶解性及与底泥腐殖质结合在一起常常使生物修复不能进行。

③特定的微生物只能降解特定类型的化合物，状态稍有变化的化合物就可能不会被同一微生物酶所破坏，河流水质变化带有一定的随机性，对所选取修复的生物种类提出了很高的要求。

④原位修复受各种环境因素的影响较大，因为微生物活性受温度、溶解氧、pH 值等环境条件的变化影响。

⑤有些情况下，生物修复不能将污染物全部去除，当污染物浓度太低，不足以维持降解细菌群落时，残余的污染物就会留在底泥中。

⑥采用水生植物方法时，必须及时收割，以避免植物枯萎后腐败分解，重新污染水体。

4. 底泥的联合修复

采用联合修复(植物—微生物联合修复、化学—生物联合修复)，可以发挥各项修复技术的长处，达到更高效彻底的修复效果。由于生物修复通常具有明显的成本优势，对生态环境的影响较其他方法小，因此，在综合治理中应以生物修复方法为主，其他方法配合，各种方法分步骤实施或同时使用。

(四)水质净化

河流水质修复与改善技术按照空间位置分类可分为原位净化和旁位处理。河流原位净化是在河道本身进行水质修复的技术，主要包括引水稀释、河流结构优化与水动力调控、跌水曝气和人工曝气、生物膜、生态浮床、微生物强化等技术。河流水质的旁位处理是指利用河道旁边的空间，采用不同的水质净化技术改善河流水质，主要包括人工强化快滤、化学絮凝、旁位生物膜及自然生物处理法(稳定塘、人工湿地和土地处理)等技术。河流的原位净化和旁位处理是河流治理与修复的重要途径，是重污染河流治理和修复的必要措施。

1. 引水稀释

(1)原理。采取引水冲污稀释等辅助措施，科学有效地增加流域水资源量，加快水体有序流动，利用水体的自净功能，降低水体污染程度，提高水环境承载能力，使有限水资源发挥最大效益。对于污染严重且流动缓慢的河流，可以考虑采用引水冲污/换水稀释的方法。引水冲污/换水稀释的直接作用是加快水体交换，缩短污染物滞留时间，减少原来河段的污染物总量，从而降低污染物浓度指标，使水体水质得到改善。水体的流动性加强了沉积物—水体界面的物质交换，使河流从缺氧状态变为耗氧状态，提高河流的自净能力。同时，河流死水区、非主流区的重污染河水得到置换，加大水流流速，在一定程度上促进底泥的再悬浮，使已经沉淀的污染物重新进入水体随水迁移。由于再悬浮沉积物主要存在于河流中层、下层，藻类对所含营养盐利用率十分低，因而对水华的出现一般没有显著贡献。引水冲污/换水稀释既可以用同一水系上游的水，也可以引其他水系的水。引水冲污/换水稀释是一种物理方法，污染物只是转移而非降解，会对流域的下游造成污染，所以实施引水冲污/换水稀释前应进行计算预测，确保冲污效果和承纳污染的流域下游水体有足够大的环境容量。

(2)实施。河流的稀释能力和效果取决于河流的水力推流和扩散的能力。污染物进入河流后，由于河水的推流作用而沿着河的纵向迁移，通过扩散作用与河水混合。扩散作用包括分子扩散、对流扩散和湍流扩散三种，其中湍流扩散作用最大。湍流扩散的程度与河流的形状、河床的粗糙程度、河水流速、河水深度等因素有关。在稀释过程中，推流和扩散相互影响，使排入河流的污染物达到被稀释的目的。

在实施稀释过程时，应该认真判断污水流量与河流流量比例、河流沿岸的生态状况、可以调用的水量、河流水力负荷允许的变化幅度等，经过反复比较后再考虑稀释措施。

2. 河流结构优化与水动力调控

(1)水体流态与水环境之间的关系。“流水不腐，户枢不蠹”，这句话很形象地说明了水体流态与水环境之间的关系。从机理上分析，水体流态与水环境的关系主要体现在以下方面。

①河流水体流速快，冲刷作用强，物质输移能力强。如果发生水污染，一方面污染物会随着水流迁移，减少污染物在当地的累积和危害；另一方面上游发生的水污染在水流作用下会很快影响到下游地区，从而扩大了污染的影响范围。

②污染物稀释。通过稀释作用能够快速降低污染物质在河流中的浓度，降低其在河流中的危害程度。

③提升河流溶解氧水平，维持河流的自净能力。河水的流动过程相当于不断曝气的过程，河流流速越快，水体的大气复氧能力越强。大气中的氧气不断向水体中扩散，使水体中溶解氧维持在一定的水平，一方面可以为鱼类等水生动物提供必需的生境，另一方面增加水体中好氧生物的活性，提升水体对污染物的自净化能力。

(2)水系沟通与结构优化。受自然因素与人为活动共同作用，河流的形态和连通关系也在不断演变。自然因素包括区域水文条件、地形地貌和土壤特征等。处于平原河网地区的河流，上游来水及本地降水丰富，地势平缓，受上游来水、本地径流及下游水位顶托等相互作用，会出现不均匀淤积和冲刷，从而引起河道形态的自然演化。人为因素包括河道疏浚，裁弯取直，河流填埋、改道或部分侵占等，会很大程度地改变原有河道的形态结构和连通关系，使河流流态出现死水区、滞留区、缓流区、束水区。

改善河流流态，水系的沟通和结构优化是河流(尤其是平原河网河流)流态改善的基础。在实际工作中，一般通过实地调研、现状流速监测，找到水系连通性阻水节点，开展优化沟通水系的物理性工程措施。通过水系沟通或河道节点改造工程措施，保障水体的连通性，优化河流流场分布，改善河流水动力条件，增强河网的污染物自净能力。

(3)水体推流与动力学调控。对于地处地势平缓区域的河流水系，由于上下游水位差小且不稳定，水动力学条件不佳，再加上河流中闸坝的隔断，河流水体多为滞流或者缓流水体。为改善滞流或者缓流水体的流态，增加水体局部微循环，可以有针对性地采取水体推流技术。水体推流设备可以与曝气系统结合，在进行局部造流、加快水体流动的同时，保持河道有充足的溶解氧，也为河道生物群落的生存和繁衍创造条件。常用的水体推流设备有叶轮吸气推流式曝气机、水下射流曝气机、潜水推流器、远程推流曝气设备等。

(4)闸坝调度与水动力调控。

a. 基本原理。河流闸泵调度方式的优化，要充分考虑河流水利工程设施的类型和运行方式的差异，充分利用水动力调控设施设备，如水闸、泵等，以流态优化和水环境改善为目标，实现河流整体水动力条件的调控。

b. 基本原则。

①以满足人类基本需求为前提。

②以河流的生态需水为基础。河流生态需水是闸泵进行生态调度的重要依据，闸下泄水量(包括泄流时间、泄流量、泄流历时等)应根据下游河流生态需水要求确定。为了保护某一个特定的生态目标，合理的生态用水比例应处在生态需水比例的阈值区间内。

③遵循生活、生态和生产用水共享的原则。生态需水只有与社会经济发展需水相协

调，才能得到有效保障；生态系统对水的需求有一定的弹性，所以，在生态系统需水阈值区间内，应结合区域社会经济发展的实际情况，兼顾生态需水和社会经济需水，合理地确定生态用水比例。

④以实现河流健康生命为最终目标。

3. 河流曝气技术

(1)跌水曝气。

a. 基本原理。跌水曝气是利用水在下落过程中与空气中的氧气接触而实现复氧，包括天然跌水曝气和人工跌水曝气。跌水曝气复氧的途径：一是在重力作用下，水滴或水流由高处向低处自由下落的过程中充分与大气接触，大气中的氧溶解到水中，形成溶解氧；二是在水滴或水流以一定的速度进入跌水区液面时会对水体产生扰动，强化水和气的混合，产生气泡，在其上升到水面的过程中，气泡与水体充分接触，将部分氧溶入水中形成溶解氧。

b. 技术特征。跌水曝气充氧动力消耗少，可利用自然地形地势，节约成本。如果结合景观建设，采用提水后跌水曝气，通常需设置坝体和提升泵，总体上投资较少，操作管理方便，工艺占地面积小，并能起到改善水体流动性和充氧的作用。用于修复污染河流时，跌水曝气一般要和其他生物处理工艺连用，成为组合工艺。跌水曝气可以设置在核心工艺前(如跌水曝气接触氧化工艺)，起到给污染水体充氧的目的，或放置在核心工艺后，将出水设计成跌水形式回到河道中，提升河流水体的溶解氧水平。

(2)人工曝气。

a. 基本原理。人工曝气(Artificial Aeration)技术是采用各种强化曝气技术，人工向水体中充入空气(或氧气)，加速水体复氧，以提高水体的溶解氧水平，恢复和增强水体中好氧微生物的活力，使水体中的污染物质得以净化，从而改善河流水质。

人工曝气充氧作用包括：

①加速水体复氧过程，使水体的自净过程始终处于好氧状态，提高好氧微生物活力的同时，在河底沉积物表层形成一个以兼氧菌为主，且具备好氧菌群生长潜能的环境，从而能够在较短的时间内降解水体中的有机污染物。

②充入的溶解氧可以氧化有机物厌氧降解时产生的 H_2S、CH_4S 及 FeS 等致黑、致臭物质，有效改善水体的黑臭状况。

③增强河流水体的紊动，有利于氧的传递、扩散以及水体的混合。

④减缓底泥释放磷的速度，当溶解氧水平较高时，Fe^{2+} 易被氧化成 Fe^{3+}，Fe^{3+} 与磷酸盐结合形成难溶的 $FePO_4$，使得在好氧状态下底泥释放磷的过程减弱，而且在中性或者碱

性条件下，Fe^{3+}生成的 $Fe(OH)_3$ 胶体可以吸附上层水中的游离态磷，并且在水底沉积物表面形成一个较密实的保护层，在一定程度上减弱了上层底泥的再悬浮，减少底泥中污染物向水体的扩散释放。

b. 设备形式。

①固定式充氧技术。在需要曝气增氧的河段上安装固定的曝气装置。固定式充氧站可以采用不同的曝气形式。

②移动式曝气充氧技术。移动式充氧平台可以根据需要自由移动，这种曝气形式的突出优点是可以根据曝气河流污染状况、水质改善的程度，机动灵活地调整曝气设备的位置和运行，从而达到经济、高效的目的。

c. 设备类型。工程应用的曝气充氧设备种类较多。从充氧所需的氧源来分，有纯氧曝气与空气曝气设备。按工作原理来分，可以分为鼓风机—微孔布气管曝气系统、纯氧—微孔管曝气系统、叶轮吸气推流式曝气器、曝气复氧船、太阳能曝气机、水下射流曝气设备、叶轮式增氧机等。河道人工曝气可以单独使用，也可与其他微生物技术、植物净化技术、接触氧化工艺等组合使用。

d. 技术适用性。根据国内外河流曝气的工程实践，河道曝气一般应用在以下四种情况：

①在污水截污管网和污水处理厂建成之前，为解决河道水体的耗氧有机污染问题而进行人工充氧。

②在已经过治理的河道中设立人工曝气装置作为应对突发性河道污染的应急措施。

③在已经过治理的河道中设立人工曝气装置作为河道进一步减污的阶段性措施。

④景观生态河道，在夏季因水温较高，有机物降解速率和耗氧速率加快，造成水体的DO降低，影响水生生物生存。

在选用曝气设备类型时，应考虑的河道情况：

①当河水较深，需要长期曝气复氧，且曝气河段有航运功能要求或有景观功能要求时，一般宜采用鼓风曝气或纯氧曝气的形式。但是，该充氧形式投资成本大，铺设微孔曝气管需抽干河水、整饬河底，工程量大，在铺设过程中水平定位施工精度要求较高。

②当河道较浅，没有航运功能要求或景观要求，主要针对短时间的冲击污染负荷时，一般采用机械曝气的形式。对于小河道，这种曝气形式优点明显，但需考虑如何消除曝气产生的泡沫及周围景观的协调。

③当曝气河段有航运功能要求，需要根据水质改善的程度机动灵活地调整曝气量时，就要考虑可以自由移动的曝气增氧设施。对于较大型的主干河道，当水体出现突发性污

染，溶解氧急剧下降时，可以考虑利用曝气船曝气复氧。选择曝气船充氧设备时，需考虑充氧效率、工程河道情况、曝气船的航运及操作性能等因素，通常选择纯氧混流增氧系统。

④在大规模应用河道曝气技术治理水体污染时，还需要重视工程的环境经济效益评价，即合理设定水质改善的目标，以恰当地选择充氧设备。如景观水体的治理，在没有外界污染源进入的条件下可以分阶段制定水体改善的目标，然后根据每一阶段的水质目标确定所需的充氧设备的能力和数量，而不必一次性备足充氧能力，以免造成资金、物力、人力上的浪费。

4. 生物膜

(1)基本原理。根据水体污染特点及土著微生物类型和生长特点，培养适宜的条件，使微生物固定生长或附着生长在固体填料载体的表面，形成生物膜。当污染的河水经过生物膜时，污水和滤料或载体上附着生长的生物膜开始接触，生物膜表面由于细菌和胞外聚合物的作用，絮凝或吸附了水中的有机物，与介质中的有机物浓度形成一种动态的平衡，使菌胶团表面既附有大量的活性细菌，又有较高浓度的有机物。微生物的生长代谢将污水中的有机物作为营养物质，从而使污染物得到降解。生物膜上还可能出现丝状菌、轮虫、线虫等，从而使生物膜净化能力得到增强。

(2)生物膜技术的优缺点。生物膜技术的优点包括：

①对水量、水质的变化有较强的适应性。

②固体介质有利于微生物形成稳定的生态体系，处理效率高。

③对水体的影响小。缺点主要是附着于载体表面的微生物较难控制，运行可操作性差。

(3)设计要求。

①污染物的生物可利用性。污染环境中污染物的种类、浓度、存在形式等都是影响微生物降解性能的主要因素。不同的污染物对微生物来说具有不同的可利用性。

②生物填料选择。在生物膜法中，填料作为微生物赖以栖息的场所是关键因素之一，其性能直接影响着处理效果和投资费用。生物填料的选择依据有附着力强、水力学特性好、造价成本低等。理想的填充材料应该是具有多孔及尽量大的比表面积、具有一定的亲水与疏水平衡值。

(4)运行维护与管理。

①水体要有充足 DO(可以结合曝气复氧技术)，供异养菌及硝化菌等生长繁殖。

②水体混合要较充分，以持续不断地提供生物所需的基质(有机物)。曝气既可以提升DO水平，也可推动水流，使污染物与膜上微生物充分结合。

③水体对生物膜要有适当的冲刷强度。冲刷强度不宜过大或者过小，应既有利于微生物在生物填料表面的挂膜，又可保证生物膜的不断更新以保持其生物活性。

④培养降解效率高的土著菌种，在水体中创造出其生长的适宜环境，并进行诱导、激活、培养，使之成为优势菌种。

(5)常用工程措施。

①砾间接触氧化法。砾间接触氧化法是一种快速处理污水的方式，其实质是对天然河床中生长在砾石表面生物膜的一种人工强化，通过在河道内人工填充砾石，使河水与生物膜的接触面积提高数十倍，强化自然状态下的河流中的沉淀、吸附和氧化分解。河流砾间接触氧化法分为不曝气和曝气两种形式，差别主要在于处理水质污染物浓度的高低。根据设置位置可分为直接处理方式与分离处理方式。直接处理方式是将处理设施直接设置在河道里，利用导水设施控制进出水流量。分离处理方式是将处理设施设置在河道旁的滩地上，可通过在上游设置引水堰或抽取水进入处理系统进行处理。

②沟渠内接触氧化法。受砾间接触氧化法的启发，沟渠内接触氧化法是在单一排水功能的河道内填充各种材质、形状和大小的接触材料，如卵石、木炭、沸石、废砖块、废陶瓷、石灰石及薄板、纤维或塑料材质的填料等，以提高生物膜面积，强化河流的自净作用。沟渠内接触氧化法使用的填料的选择要依据河流水质与工程选址的情况来确定。

③薄层流法。薄层流法是使河面加宽，水流形成水深数厘米的薄层流过生物膜，使河流的自净作用增强；如河宽为原来的2倍，则水深变为原来的1/2，则河道的净化能力增加2倍。

④伏流净化法。伏流净化法是利用河床向地下的渗透作用和伏流水的稀释作用来净化河流，污染河流通过河床上的生物膜缓慢地向地下扩散，成为清洁水，再被人工提升到地面稀释河流。该处理法是一种缓速过滤法。

⑤人工水草。人工水草采用耐酸碱、耐污、柔韧性强、具有较大比表面积和容积利用率的仿水草高分子材料作为生物载体。人工水草固定在水中后，会吸附水中各种水生生物，随时间推移在水草表面形成一层生物膜。附着在人工水草上的生物非常丰富，主要有细菌、真菌、藻类和原生动物和后生动物等，这些微生物和藻类对于污染水体具有生物过滤和生物转换的作用。水中放置的人工水草将原来以水土界面为主的好氧—厌氧、硝化—反硝化作用扩大到整个水体，同时，不受透明度、光照等条件的限制，大大提高了水质净化的效率。

5. 生态浮床

(1)基本原理。生态浮床又称生态浮岛、人工浮床或人工浮岛，是运用无土栽培技术，综合现代农艺和生态工程措施对污染水体进行生态修复或重建的一种生态技术。在受污染河道中，用轻质漂浮高分子材料作为床体，人工种植高等水生植物或经过改良驯化的陆生植物，通过植物强大的根系作用削减水中的氮、磷等营养物质，并以收获植物体的形式将其搬离水体，从而达到净化水质的效果。另外，种植植物后构成微生物、昆虫、鱼类、鸟类等自然生物栖息地，形成生物链进一步帮助水体恢复。生态浮床主要适用于富营养化及有机污染河流。

生态浮床能有效去除水体污染，抑制浮游藻类的生长，其原理为：①营养物质的植物吸收。②许多浮床植物根系分泌物抑制藻类生长。③遮蔽阳光，抑制藻类生长。④根系微生物降解污染。与其他水处理方式相比，生态浮床更接近自然，具有更好的经济效益。生态浮床上栽种的植物美化了环境，和周围环境融为一体，成为新的河道景观亮点。同时，生态浮床的建设、运行成本较低。

(2)分类。生态浮床根据水和植物是否接触分为湿式与干式。湿式生态浮床可再分为有框和无框两种，因此生态浮床在构造上主要分为干式浮床、有框湿式浮床和无框湿式浮床三类。干式浮床的植物因为不直接与水体接触，可以栽种大型的木本、园林植物，构成鸟类的栖息地，同时也形成了一道靓丽的水上风景。但因为干式生态浮床的植物与水体不直接接触，因此发挥不了水质净化功能，一般只作为景观布置或防风屏障使用。有框湿式浮床一般用 PVC 管等作为框架，用聚苯乙烯板等材料作为植物种植的床体。湿式无框浮床用椰子纤维缝合作为床体，不单独加框。无框型浮岛在景观上则显得更为自然，但在强度及使用时间上比有框式差。从水质净化的角度来看，湿式有框浮床应用广泛。

(3)组成。常用的典型湿式有框生态浮床包括浮床框体、浮床床体、浮床基质和浮床植物四个部分。

①浮床框体。要求坚固、耐用、抗风浪，目前一般用 PVC 管、木材、毛竹等作为框架。PVC 管持久耐用、价格便宜、质量轻，能承受一定冲击力，应用最为广泛；木头、毛竹作为框架比前两者更加贴近自然，价格低廉，但常年浸没在水中，容易腐烂，耐久性相对较差。

②浮床床体。浮床床体是植物栽种的支撑物，同时是整个浮床浮力的主要提供者。目前主要使用的是聚苯乙烯泡沫板，这种材料成本低廉、疏水、浮力大、性能稳定、不污染

水体、方便设计和施工，重复利用率相对较高。此外还有将陶粒、蛭石、珍珠岩、火山岩等无机材料作为床体，这类材料具有多孔结构，更适合于微生物附着而形成生物膜，有利于降解污染物质，但成本相对较高。对于漂浮植物，可以不使用浮床床体，而直接依靠植物自身浮力保持在水面上，再利用浮床框体、绳网将其固定在一定区域内。

③浮床基质。浮床基质用于固定植物，同时保证植物根系生长所需的水分、氧气条件，并能作为肥料载体，因此基质材料要具有弹性足，固定力强，吸附水分、养分能力强，不腐烂，不污染水体，能重复利用等特点，而且要具有较好的蓄肥、保肥、供肥能力，保证植物直立与正常生长。目前使用较多的浮床基质为海绵、椰子纤维、陶粒等，可以满足上述要求。

④浮床植物。植物是浮床净化水体的核心，需要满足以下要求：适宜当地气候、水质条件，优先选择本地种；根系发达，根茎繁殖能力强；植物生长快，生物量大；植株优美具有一定的观赏性。目前经常使用的浮床植物有美人蕉、荻、香根草、香蒲、菖蒲、石菖蒲、水浮莲、水芹菜、金鱼藻等，在实际工程中应根据现场条件进行植物筛选。

(4)种植方式。植物在生态浮床上有不同的种植方式，对水体的净化效果也不同。通过相关研究和实践，现在主要采用植物混合种植、植物与填料组合种植方式。对水面植物合适的覆盖率等也要注意。

①植物的混合种植。实践表明，多种植物以适当的配比种植能减少病虫害的发生，提高系统的稳定性，并且对水体的净化效果往往比单一种植要好。但是多种植物混合种植可能会导致生长竞争，因此需要根据植物利用水体空间的不同进行合理组合。

②植物与填料组合种植。传统生态浮床净化水体的主体只有植物，但受水面限制，其生物量有限，而且植物根系的微生物数量和种类较少，系统的净化能力难以进一步提高。此外，传统的生态浮床利用的仅仅是水面，而水下空间并没有得到充分利用。因此通过在浮床下悬挂填料，不仅充分开发利用了水下空间，更好地固定住植物，而且增加了系统内微生物的数量和种类，强化了微生物净化作用，提高了生态浮床的净化能力。

③水面植物覆盖率。通常生态浮床的植物覆盖率越高，其对水体的净化能力则越强，但是夜间的呼吸耗氧也越严重。过高的植物覆盖率还会影响水体的大气复氧，最终可能导致水体缺氧，因此要合理设置植物覆盖率。

(5)技术经济特征。

a. 优点。相较于其他生态修复技术，生态浮床具有以下优点：

①可用于高等水生植物难以生长的区域(深水区或底部混凝土结构的水域)。

②增加了生物多样性。

③对水位变化的适应性较强，可移动性强。

④具有景观美化作用。

⑤具有一定的消波及保护河岸的作用。

⑥建设、运行成本较低，具有良好的经济效益、环境效益和景观效益。

b. 局限性。生态浮床技术也存在一定的问题与局限性：

①浮床植物的选择既要考虑成活性，又要考虑不同的选择净化性。有些污染水体可能不适合最适净化植物的生长，在这种情况下就必须考虑替代植物，其净化性能就会降低，这就要扩大种植面积。而且植物的生长还受季节影响，不同的生长阶段其净化效果也不同。

②浮床植物的回收处置。生态浮床植物种类繁多，植物死后若得不到适当处理，会造成水体二次污染。如重金属污染水体，当生态浮床植物得不到正确处理时，就可能把重金属由水体转移到土壤中，或者重新回到水体。此外，有的生态浮床选择了可食用的植物，如空心菜、水芹菜等，其食用安全也需要重视。

③对深层水体缺乏净化能力。由于生态浮床主要依靠植物的吸收来净化水体，植物根系不能深入深层水域中，因此对底层水和底泥缺乏净化能力。

④夏季容易滋生蚊蝇，影响环境卫生。

c. 适用范围。适用于没有航道要求的景观河道在居民聚集区的城市河流，由于其在夏季容易滋生蚊蝇等虫类，其使用也受到限制。它也不适用于工业废水连续排放的河道。

d. 经济性。生态浮床技术具有施工简单、工期短、投资小等优势，具体表现在浮床植物和载体材料来源广，成本低；无动力消耗，节省了运行费；维护费用少，且应用得当时可具有一定的经济效益。

6. 微生物强化

(1)基本原理。在河流水环境中，微生物作为分解者，对水体净化作用很大，具备污染物降解能力的微生物在水体中的数量和活性直接关系到水体自净能力的大小，也影响水体微生物修复技术应用的成功与否。所以，微生物强化技术的核心在于提高待修复污染水体中微生物的数量和特性，加快水体中污染物的降解和转化。目前，污染河流的原位微生物强化技术主要有两种形式。一种是普遍使用的投菌法，其通过选择一种或多种混合功能的菌种，按一定的要求添加到受污染水体中，以促进水中微生物处理效率的提高。投加的菌种可以是从自然界或处理系统中筛选出的高效菌种，也可以是经过处理的变性菌种或经基因工程构建的菌种。另一种是向受污染水体中补充能促进微生物生长和活性的生物促生剂，一般是微生物必需的营养元素，如微量元素、维生素、天然激素、有机酸、细胞分裂素、酶等物质。目前这两种方式通常是组合使用。

(2)微生物的投加方式。城市污染河流一般均具有流动性，外加微生物菌剂和生物促生剂容易流失。因此，需要保证投加的微生物菌剂与污染物、生物促生剂与微生物菌剂之间有充分的接触时间。通常有以下投加方法。

①直接投加法。若城市河流水体流动性较差，可直接向受污染水域表面均匀泼洒生物菌剂和生物促生剂；若河流水体流动性较好，可在河流上游进行投加，使其在随水流往下游移动的过程中与污染物有充分的接触时间发生作用，投菌地点最好通过污染物降解动力学和水文学等方面的计算来确定。操作简便是该法的最大优点。

②吸附投菌法。使微生物菌体先吸附在各类填料或载体上，再将填料或载体投入待治理的河流或底泥中，可有效降解该区域内的污染物。分子筛、蛭石、沸石等都可以作为吸附材料使用。这种方法可以防止菌体的大量流失。

③固定化投菌法。通过物化方法将微生物封闭在高分子网络载体内，这种方法具有生物活性和生物密度高的特点。在受污染河流或底泥中投加固定化微生物，可避免微生物快速流失，从而加快污染物降解，提高处理稳定性。应用于受污染河流的固定化微生物球体不宜过小，以防悬浮流失。此外，也可借鉴医药缓释胶囊的应用，通过缓释固定的微生物菌种，使投菌区域保持较高的微生物浓度。

④根系附着法。微生物在水生植物根系的富集作用使大量外加微生物附着于受污染水域中的水生植物根系上，在提高受污染区域外来微生物浓度的同时，使微生物的分解产物被水生植物利用。根系附着法可以直接将菌种投加到受污染区域的水生植物根系附近的水体中，也可尝试在室内藏有水生植物的培养液中投加微生物菌种，使其先在水生植物根系挂膜，成功后再将水生植物移入受污染水体或底泥中。也可用类似的办法投加生物促生剂营养液。该法可充分发挥微生物和植物的共代谢作用，但作用区域偏小。

⑤底泥培养返回法。取出一定量受污染河流的底泥，将底泥放入培养皿中，定期往底泥中投放营养液，并提供微生物生长的其他环境条件，使土著微生物在底泥中大量生长，待数量达到一定程度后，再将底泥脱水做成泥球、泥饼或泥块，返回受污染河流中。泥球或泥饼在水体中逐渐分散，使大量土著微生物被释放进受污染水体和底泥中。该法可大量快速培养土著微生物，但需一些辅助设备。这种方法对发挥营养液作用较有效。

⑥注入法。利用注射工具将营养液直接注入受污染水域表层底泥中，促进底泥中土著微生物的生长，使微生物对底泥中的有机物进行降解。也可采取这一方式外加微生物。该方法主要用于底泥污染物的削减，适用于受污染面积较小的水域。

(3)技术经济特征。

a. 优点。

①针对性强，可有效提高对目标去除物的去除效果，污染物的转化过程在自然条件下即可高效完成。

②微生物具有来源广、易培养、繁殖快、对环境适应性强和易实现变异等特点，通过有针对性地对菌种进行筛选、培养和驯化，可以使大多数的有机物实现生物降解处理，应用面广。

③微生物处理不仅能去除有机物、病原体、有毒物质，还能去除臭味、提高透明度、降低色度等，处理效果良好。

④污泥产生少，对环境影响小，通常不产生二次污染。

⑤就地处理，操作简便。

b. 局限性。该技术还是存在着一些不足之处：

①筛选得到的高效降解菌可能仅对某一类污染物较有效，广谱性能差。

②直接投加的菌体容易流失，或者被其他生物吞噬，影响投菌法的处理效果。

③实验室筛选得到的高效菌不一定能够在环境竞争中成为优势菌，还需要驯化以适应新的环境。

④高效菌种的筛选、驯化难度大、周期长。

⑤投加菌种不能一次完成，还需要定期补投。

(五)河流生态修复

从水体治理及生态修复的角度，理论上将河流划分为河流基地(河槽)、河流岸坡带及河流缓冲带三部分。

河流基地(河槽)是指沿河流纵断面走向，河流水域侧岸坡边线之间的河床基底。河流基地作为河床土质类型及构成、污染状况、河床形态及其演变、河床稳定性等综合内容的一部分，具有水利、航运、环保、节能、生态等专业领域的综合功能。河流基地宜在生物生息环境的构建和污染基底的清除等方面体现生态及环保功能。

河流岸坡带是指河流陆域侧岸坡边线和河流水域侧岸坡边线之间的范围。河流岸坡带是水陆交错带的重要区域，具有安全防护、生态、景观等综合功能，岸坡区域应在满足安全防护功能前提下，从生态环境改善角度构建良好的生物生息环境。生息环境主要包括移动路径、生育繁殖空间及避难场所等。

河流缓冲带是陆地生态系统和水生生态系统的交错地带，广义上的缓冲带包括了岸坡带。欧美国家对河流缓冲带的定义是河岸两边向岸坡爬升的树木(乔木)及其他植被组成的，防止和转移由坡地地表径流、废水排放、地下径流和深层地下水所带来的养分、沉积物、有机质、杀虫剂及其他污染物进入河流系统的缓冲区域。河流缓冲带与水体相邻，没有明显的界线，是水生和陆生环境间的过渡带，是河流周边生态系统中陆生物种的重要栖息地，也是河流中物质和能量的重要来源，直接影响整个河流的水质及流域的生态景观价值，其主要功能宜从生态功能、防护功能、社会功能及经济功能等进行体现。

1. 河流形态保持工程

应从岸线形态、横断面形态、纵断面形态进行研究和布置，处理好河流形态保持与河流水利、航运等基本功能需求的关系，重视河流形态的保持，体现河流平面、断面形态的自然属性，为河流水生态、水环境的健康及水生动植物的生长提供良好的条件。

河流基底总体设计应从河流纵、横断面形态上满足河流形态保持工程的总体要求。此外，当河流底泥内源负荷和污染风险较大时，宜通过环保疏浚的方法，有效清除河流底泥中的各种污染物(营养盐、重金属、有毒有害有机物等)，并对疏浚的底泥进行安全处置，改善河流基底环境。

河流形态保持技术的要求包括：

(1)应分析防洪、排涝、供水、航运、水力发电、文化景观、生态环境、河势控制和岸线利用等各项开发、利用和保护措施对河流整治的要求，确定河流整治的主要任务。

(2)协调好各项整治任务之间的关系，综合分析确定河流整治的范围。

(3)符合整治河段的防洪标准、排涝标准、灌溉标准、航运标准等，并应符合经审批的相关规划；当整治设计具有两种或两种以上设计标准时，应协调各标准间的关系。

(4)和岸线控制、岸线利用功能分区控制等要求相一致，并应符合经审批的岸线利用规划。

(5)满足河流整治任务、标准、治导线制定、整治河宽、水深、比降、设计流量等河流整治工程总体布置要求，并满足河流整治设计相关规范、标准的规定。

(6)宜从有利于河流生态环境健康的角度，进行河流生态治理的平面形态布置、断面形式设计，分析确定河流不同季节(或不同时段)适宜的生态径流量。

(7)在满足河流水利、航运等行业规划断面的基础上，应充分考虑河流的生态需求，根据河流的水位、流量、流速、流态、泥沙等水文要素，结合河流的堤防、护岸及防汛等工程建设方案，合理确定河流的断面设计形式。

河流横断面形式设计主要包括下列内容：

(1)根据河流基本功能要求，确定河槽底宽及底高程；根据河流地质和水文等条件，确定水下开挖或疏浚边坡。

(2)确定水下平台、护岸，堤防、缓冲带等河流相关整治工程和生态工程各部位的高程及横向尺度。

(3)根据河流平面或岸线形态保持要求，确定深槽、浅滩、边滩、生态沟渠、支流、汊道、沙洲、水槽、生态沟渠及其他生态修复工程的断面布置范围及其相关尺度。

(4)复式断面的主槽糙率和滩地糙率应分别确定。河流过水断面湿周上各部分糙率不同时，应求出断面的综合糙率，当沿河长方向的变化较大时，尚应分段确定糙率，从而进行必要的河流水力计算。

河流纵断面布置应统筹协调好各项河流整治任务和相应专业规划的关系，宜根据相关水力计算、河床演变分析等河流整治工程研究结论，在不影响河流整治效果的基础上，适度形成深浅交替的浅滩和深槽，构建急流、缓流和滩槽等丰富多彩的水流条件及多样化的生境条件。有条件时，可结合河流纵向的基底特征，进行局部水下微地形的改造，如构建局部砾石(抛石)河床、生态潜堤、人工鱼巢等，形成多样性的河床基底及流态，改善河流纵断面生境条件。

2. 河流生态岸坡修复

河流的岸(坡)部分是水陆交错的过渡地带，具有显著的边缘效应，这里有充足的物质、养分和活跃的能量的流动，为多种生物提供了栖息地。为了控制洪水，传统的方式是对曲流裁弯取直、加深河槽并用混凝土加固河岸(坡)、筑坝、筑堰、改道等。裁弯取直改变了天然河流的水文规律和河床地貌，使洪水流量、流速及泥沙量增加，洪水压力转嫁到下游；筑坝、改道使河岸的地下水位下降，河岸的水量调节功能减弱；加深河流、固化河岸则破坏了自然河岸与河槽之间的水文联系，并提高了河槽水流的流速和侵蚀力。河流被渠化或硬化，会造成对水际和水生栖息地起到关键作用的深槽、浅滩、沙湖和河漫滩的消失，破坏河岸植被赖以生存的基础，水生动物也失去了生存、避难地，使河岸生物的多样性降低。

(1)基本原理生态岸(坡)指模仿河流自然岸线具有的“可渗透性”特点，使其具有一定的抗干扰和自我修复的能力，能够满足生物生活习性的自然型岸(坡)。生态岸(坡)能因植物的生长而得到绿化、美化，并能在堤岸的水中形成植物根系，为微生物、小动物的生存及鱼类的繁殖提供良好的生存环境，使水质得到一定程度的净化。生态型河流岸(坡)具体的内涵有以下几点。

①在满足泄洪排涝要求的基础上，保证岸(坡)的稳定，防止水土流失。

②生态岸(坡)是由生物和生境结构组成的开放系统，它有着较为完善的初级生产者、消费者和分解者形成的生物群落及其赖以生存的环境。同时，该系统与周围生态系统密切联系，并不断与周围生态系统进行物质、信息与能量交换。

③生态岸(坡)是动态平衡的系统，系统内的生物之间存在着复杂的食物链，并具有自组织和自调节能力。

④生态岸(坡)是河流生态系统与陆地生态系统进行物质、能量、信息交换的一个自然过渡带，它是整个生态系统的一个子系统，并与其他生态系统之间相互协调、相互补充。

(2)类型。

①刚性岸(坡)。刚性岸(坡)是在自然原型堤岸的基础上，采用天然刚性材料或砖块干砌的生态(坡)，可以抵抗较强的流水冲刷，适合于用地紧张的城市河流、湖泊。自然型刚性岸(坡)建造时不用砂浆，而是采用干砌的方式，留出空隙，以利于河岸与河流的交流，利于滨河植物的生长。随着时间的推移，岸(坡)会逐渐呈现出自然的外貌。如干砌石岸(坡)，干砌石主要由单个石块砌筑而成，依靠自身的重力和石块接触面之间的摩擦力来维持稳定。砌石时要砌放平稳，砌缝密合，石块相互挤紧，外形平整，砌好后的石块间隙常用石片塞实，使之相互结合形成一个整体。干砌石边坡比可为1：(1~1.5)。

刚性岸(坡)可以抵抗较强的流水冲刷，能在短期内发挥作用，且相对占地面积小，适合于用地紧张的城市河流。其不足之处在于可能会破坏河岸的自然植被，导致现有植被覆盖和自然控制侵蚀能力的丧失。同时人工的痕迹也比较明显。

②柔性岸(坡)。保持河流自然状态，配合植物种植(如柳树、水杨、白杨及芦苇、菖蒲等具有喜水特性的植物)，以达到稳定河岸(坡)的目的。同时，根据水流流速，加铺土工格栅网。种植柳枝是柔性岸(坡)中最一般、最常用的方法，这是因为柳树的柳枝耐水、喜水、成活率高；成活后的柳枝根部舒展且致密，能压稳河岸，加之其枝条柔韧、顺应水流，因此抗洪、保护河岸的能力强；繁茂的枝条为陆上昆虫提供生息场所，浸入水中的柳枝、根系还为鱼类产卵、幼鱼避难、觅食提供了场所。柳树品种繁多，低矮且耐水的柳枝被广泛采用，常与其他水生植物一道被插栽于蛇笼、石笼、土堤等处。

柔性岸(坡)适于用地充足，坡度缓或腹地大、侵蚀不严重的河流、湖泊。岸(坡)应顺应原地形，配合植物种植，达到稳定河岸的目的，如种植柳树、水杨、白杨及芦苇、菖蒲等具有喜水特性的植物，由它们发达的根系来稳固堤岸，加之其枝叶柔韧，顺应水流，增加抗洪、护岸(坡)的能力，也在必要的条件下才可做适当的改造。

(3)岸(坡)的再生式生态修复。岸(坡)的再生式生态修复方法即破除硬质岸(坡)前后，再对岸(坡)进行生态修复，其实质与直接在退化的土质岸(坡)上进行生态化改造所需采用的方法和技术无明显的差别。根据河流岸(坡)功能的侧重点不同，大致可分为三个方面：以恢复河流形态多样性为主；以提供生物生长栖息的生物材料为主；以生态景观和亲水功能为主。

①以恢复河流形态多样性为主。河流形态多样性是流域生态系统生境的核心，是生物群落多样性的基础。在欧洲(如德国、法国、瑞士、奥地利等)，多采用一种近自然工法，该方法主要是根据河流形态的自身特点和生物栖息繁殖的需求，在水岸交接带设置许多浅滩、深潭及人工湿地，并在落差大的断面(如水坝)专门设置为鱼类洄游提供的各种类型鱼道，使生态环境得以良好恢复。这种方法在塞纳河、多瑙河及莱茵河均有运用。日本在恢复河流形态多样性方面的技术研究起步较早，20 世纪 90 年代初期开展了“创造多自然型河川计划”，并提出了植石治理法，也被称为埋石清理法，该方法是将直径 0.8~1.0m 大小的自然石埋入河床和河滨带以形成深沟及浅滩，为鱼类提供良好的栖息环境，并加快鱼的繁殖。

②以提供生物生长栖息的生物材料为主。通过生物材料对受损护岸进行生态修复，一般是采用由固体、液体和气体三相物质组成的具有一定强度的多孔人工材料作为载体，利用多孔材料空隙的透气、透水等性能，并渗透植物生长所需的营养，从而恢复河岸的植被，为生物提供良好的栖息场所。这种修复方法存在的问题主要是动植物生存与碱性添加剂之间的相容性难以兼顾。

③以生态景观和亲水功能为主。河流护岸生态修复，不仅要满足防洪排涝和生态系统健康的需求，也要达到景观优美和亲水和谐的功能。基于这个理念，目前国内一些城市河流采用景观型多级阶梯式人工湿地护岸和景观净污型混凝土组合砌块护岸技术等。这类修复方法一般是以无砂混凝土桩板或无砂混凝土槽为主要构件，在坡岸上逐级设置而成护岸形式。通过在桩板与坡岸的夹格或无砂混凝土内填充土壤、砂石、净水填料等物质，并从低到高依次种植挺水植物和灌木，从而形成岸边多级人工湿地系统，美化了河流岸坡，呈现出层层阶梯式绿色景观。同时，沿护岸线可设置亲水平台，以便人们随时能够亲水。

3. 河流缓冲带生态修复

(1)原则。

①分类治理的原则。河流缓冲带的不同区段应根据地质、水文、土壤、植被及土地利用状况的差别，实行分类治理。

②因地制宜、整体优化的原则。河流缓冲带生态环境功能应考虑土地利用、经济投入

等因素，因地、因类优化组合，合理有效地确定其功能及其适用的恢复措施。

③解决突出问题，重要功能优先的原则。河流缓冲带要充分考虑河流的主要环境功能和使用功能，突出解决主要问题。如平原河岸带及工农业用水、旅游、渔业为主的河流，应重点考虑生态功能的修复；山区河流则应重点考虑水土保持功能的修复。

④可操作性、实用性、可持续发展的原则。河流缓冲带的功能区确定要充分考虑缓冲带修复工程的可实施性、实用性，以及技术、经济的合理性，是否利于当地经济、环境的可持续发展。

⑤便于管理的原则。河流缓冲带各功能区边界分类和确定时，应综合考虑土地的行政隶属关系和流域界线，便于地方管理。

⑥充分结合河流蓝线及相关用地规划的原则。河流缓冲带布置应满足河流蓝线及陆域建筑物控制线规划的有关要求。当没有相关规划要求时，应充分结合地方有关用地规划，从土地综合利用、减少征地拆迁和耕地及农用地侵占、满足环境需求、经济可行和便于实施等方面综合考虑，进行缓冲带总体布置。

(2)缓冲带设置要求。

①缓冲带位置确定应调查河流所属区域的水文特征、洪水泛滥影响等基础资料，宜选择在泛洪区边缘。

②从地形的角度，缓冲带一般设置在下坡位置，与地表径流的方向垂直。对于长坡，可以沿等高线多设置几道缓冲带以消减水流的能量；溪流和沟谷边缘宜全部设置缓冲带。

③河流缓冲带种植结构设置应考虑系统的稳定性，设置规模宜综合考虑水土保持功效和生产效益。

④缓冲带宽度设置由以下多个因素决定：缓冲带建设所能投入的资金；缓冲带的几何物理特性，如坡度、土壤类型、渗透性和稳定性等；流域上下游水文情况和周边土地利用情况；缓冲带所要实现的功能；土地所有部门或是业主提出的要求和限制。上述各种情况下所构建的缓冲带宽度是不一样的，一般情况下，缓冲带的宽度由缓冲带所要发挥的功能决定，不同的功能所需要的宽度也是不一样的，从几米到几百米不等。相关调查显示：缓冲带宽度大于 30m 时，能够有效降低温度、增加河流生物食物供应、有效过滤污染物。当宽度为 80~100m 时，能较好地控制沉积物及土壤流失。

(3)缓冲带植物种类配置原则。河流缓冲带植物配置应结合生态恢复、功能定位等要求进行综合分析，一般宜遵循如下原则：

①适应性原则。植物配置应适应河流缓冲带的现状条件，且宜首先选择土著种，因地制宜。

②强净化原则。宜选择对N、P等营养性污染物去除能力较强的物种。

③经济性和实用性原则。宜选择在河流所在区域具有广泛用途或经济价值较高的生物种。

④多样性或协调性原则。应考虑河流缓冲带生态系统的生物多样性和系统稳定性要求，选择相互协调的物种。

⑤观赏性原则。宜结合河流部分区段的观赏和休闲需要，综合考虑工程投资、维护管理方便、易于实施的要求，选择部分适宜的观赏性物种。

(4)缓冲带植物设计要求。

①缓冲带的植被搭配要考虑内部的复杂度、物种组成以及成熟株与幼龄株比例等问题，应具有控制径流和污染的功能。植被结构越复杂，其所能提供的生态稳定性就越高。如宽阔的、草木混生的缓冲带要比狭窄的单一草本构建的缓冲带具有更强的截污分解效率。复杂的植被结构有利于建立不同种类的动物栖息地，同时可以避免针对某种特定植物病虫害的发生。不同的植被类型提供特定作用，如乔木和灌木能更好地坚固河堤，减少土壤侵蚀，增加生物多样性，而草本植物在过滤沉淀，过滤营养物质、杀虫剂、微生物，提供野生动物生境等方面具有更好的功效。

②缓冲带植物配置应并宜根据所在地的实际情况进行乔、灌、草的合理搭配。通过调查河岸周围的植被，了解哪些是适应该环境的优势种，最好选用本地植物。同时，尽可能种植一些落叶植物，优先考虑有多重价值的植物，同时也不要忽略有美学价值的植物。

③充分利用乔木发达的根系稳固河岸，防止水流的冲刷和侵蚀，并为沿水道迁移的鸟类和野生动物提供食物，为河水提供良好的遮蔽。

④宜通过草本植物增加地表粗糙度，增强对地表径流的渗透能力和减小径流流速，提高缓冲带的沉积能力。

⑤河流缓冲带应防范外来物种侵害对缓冲带功能造成的不利影响，外来植物品种的引进应进行必要的研究论证。

⑥河流缓冲带植物种类的设计，应结合不同的要求进行综合研究确定。

⑦植物的种植密度或空间设计，应结合植物的不同生长要求、特征、种植方式及生态环境功能要求等来确定，一般要求可参照如下：草本植株间隔宜为40~120cm；灌木间隔空间宜为100~200cm；小乔木间隔空间宜为3~6m；大乔木间隔空间宜为5~10m。

▶第六章

污染地下水环境修复工程

第一节　地下水的基本特征与污染修复及控制

一、地下水的基本特征与污染

（一）水文循环与地下水

水在海洋、大气和陆地之间的无休止运行称为水文循环。研究地下水时更多强调水文循环的陆地部分。流域是一个地表排泄区和地表面以下土壤与地层的综合体，地表以下的水文过程与地表水文过程同样重要。

地下水是存在于地表以下岩（土）层孔隙中各种不同形式水的统称，是陆地水资源重要的赋存形式，全球绝大部分水资源是以地下水的形式存在。地下水是我国人民生活、城市和工农业用水的重要水源。全国 2/3 的城市以地下水为供水水源，农业灌溉用水占了地下水总开采量的 81% 左右。

地下水根本上来源于大气降水，同时以地下渗流方式补给河流、湖泊和沼泽，或直接注入海洋，上层土壤中的水分则以蒸发和蒸腾回归大气，从而积极地参与地球上的水循环过程。地下水由于埋藏于地下岩土的孔隙之中，其分布、运动和水的性质，受到岩土特性以及储存空间特性的深刻影响。与地表水系统相比，地下水系统显得更为复杂多样。

地下水不同于地表水(如湖泊、水库和河流)，一旦污染，治理起来更加困难。因为受污染的地下水在土壤岩石孔隙中，地质条件复杂，调动起来非常困难，不容易像地表水那样集中处理；地下水中相当一部分污染物吸附在土壤和岩石表面，给地下水的处理增加了难度；另外，地下水所处区域人类活动频繁，地上建筑物密集，限制了相关处理技术的实施。

(二)地下水形态

地下水在土壤中分为两种形式：在地下水位以上，呈不饱和状态，称为包气带；在地下水位以下，呈饱和状态，称为饱和带。在包气带，水的压力小于大气压，而在饱和带，水的压力大于大气压，并且随着深度的增加而增加。所以，如果水井深度达到饱和带，水井中的水位就能够代表地下水静水压。

在饱和带中，具有比较高的渗透性并且在一般水压下能够传递输送大量地下水的层带，称为蓄水层；而渗透性比较差，不能够传递输送大量水的层带，称为弱含水层，一般位于蓄水层的上下边线。

蓄水层又分为非承压蓄水层和承压蓄水层。非承压蓄水层，地下水的水位就是其上边缘，将包气带和饱和带分开，并且随着气压变化而变化。因此，非承压蓄水层受地面水文和气象因素的影响比较大。在丰水季节，蓄水层接受的补给水量大，地下水水位上升，水层厚度增加；相反，在干旱季节，排泄量比较大，水位下降，水层厚度变薄。非承压蓄水层频繁参与水体循环，也容易受到人为活动的影响而受到污染。

承压水层上边缘存在比较密实的弱含水层或者隔水层，将其与包气带分开。因此，被隔开的含水层承受着一定的压力。如果钻井深度到达承压含水层，水位将上升到一定程度才停止。达到平衡时的静止水位超出隔水层底部的距离称为承压水头。承压含水层受到隔水层的限制，与大气圈和地表水体的联系相对较弱。因此，承压含水层不容易受到污染，但是一旦受到污染，修复也比较困难。

(三)地下水污染

地下水的污染是指人类活动使地下水的物理、化学和生物性质发生改变，因而限制或妨碍地下水在各方面的正常应用。20 世纪 50~60 年代，由于工农业生产的快速发展，大量废物的排放污染了地下水环境，如各种废物(水)、农业肥料、杀虫剂等，导致局部地区地下水严重污染。此外，过量开采和不合理地利用地下水常造成地下水位严重下降，形成大面积的地下水位降落漏斗，尤其在地下水开采量集中的城市地区，还会引起地面沉降。

按照引起地下水污染的自然属性，地下水污染源可划分为自然污染源和人为污染源两个类型。

自然污染源包括地表污染水体、地下高矿化水或其他劣质水体、含水层或包气带所含的某些矿物等。自然污染源主要是由于地下水所处的土壤、岩层等环境条件，地下水的补给、反补给等运动及生物和微生物的生化作用等各种自然过程造成的。

人为污染源包括工业污染源、农业污染源、生活污染源、矿业污染源、石油污染源等。随着社会生活和工业生产的不断发展，此类污染物的种类和数量不断增加，其影响范围不断扩大，在某些地表水匮乏的地区，由于地下水水环境质量恶化而影响经济发展和人民生活的现象越来越严重。

地下水污染途径是指污染物从污染源进入地下水中所经过的路径。除了少部分气体、液体污染物可以直接通过岩石空隙进入地下水外，大部分污染物是随着补给地下水的水源一道进入地下水中的。因此，地下水污染途径可分为以下形式。

1. 通过包气带渗入

这是一种普遍的地下水污染途径，包括连续渗入和断续渗入。连续渗入是废水(废液)坑、污水池、沉淀池、蒸发池、排污水库、蓄污洼地、化粪池、排污沟渠、管道的渗漏段、输油管和贮油罐损坏漏失处等地的污染物通过包气带进入地下水环境的现象。土壤的过滤、吸附等自净能力可使污染物浓度发生变化，这种污染程度受包气带岩层厚度和岩性控制。断续渗入是地面废物堆、垃圾填坑、饲养场、盐场、尾矿坝、污水废液的地表排放场、化工原料和石油产品堆放场、污灌农田、施用大量化肥农药的农田等地，被大气降水淋滤，一部分污染物通过包气带下渗污染地下水的现象。这种情况只发生在降雨期，在非降雨期则没有。

2. 由集中通道直接注入

在处理废液废水时，废液废水利用井、钻孔、坑道或岩溶通道直接排放到地下，通过土壤或岩层的过滤、扩散、离子交换、吸附、沉淀等自净作用，使污染物浓度降低。但是如果废液排放太多，超过土壤或岩石的自净能力，则会造成地下水的污染，污染范围会逐渐扩散蔓延，如果地下水流速较大，污染带可以向下游延伸很远距离，造成地下水的大片污染。

3. 由地表污染水体侧向渗入

污染地表水体，如污染河水，可以污染布置在河谷里的岸边取水建筑物(水源井)，导致地下水的污染。污染地表水侧向渗入污染地下水时，污染影响带仅限于地表水体的附近呈带状或环状分布，污染程度取决于地表水污染的程度、沿岸地层的地质结构、水动力条件以及水源地距岸边的距离等因素。

4. 含水层之间的垂直越流

开采封闭较好的承压含水层时，承压水水位下降，与潜水形成较大的水头差。如果承压顶板之上有被污染了的潜水，潜水可以通过弱透水的隔水顶板、承压含水层顶板的“天窗”、止水不严的套管(或腐蚀套管)与孔壁的空隙以及经由未封填死的废弃钻孔流入，污染承压含水层。同时，开采潜水或浅层承压水时，深部承压含水层中的咸水同样可以通过上述途径向上越流污染潜水或浅部承压水，导致浅层水的污染。

造成地下水水质恶化的各种物质都称为地下水污染物。地下水污染物的种类繁多，从不同的角度可分为各种类型。按理化性质可分为物理污染物、化学污染物、生物污染物、综合污染物；按形态可分为离子态污染物、分子态污染物、简单有机物、复杂有机物、颗粒状污染物；按污染物对地下水的影响特征可分为感官污染物、卫生学污染物、毒理学污染物、综合污染物。

(四)地下水污染化学特征

地下水化学特征与土壤密不可分。土壤是地球表面非常薄的一层矿物质，主要由黏土、粉砂和粗砂、卵石等组成。土壤主要矿物质包括硅、铝、钙、铁、锰、钠、钾、硫、氯、碳等。

有机物是土壤的重要组成部分，对土壤中的金属离子形态具有决定性影响。有机物主要来源于植物的腐烂分解，此外还有植物分泌物。土壤有机物能够与土壤中的金属离子结合形成有机金属化合物。有机金属主要是金属离子和土壤腐殖质的络合物，受 pH 值和氧化还原电位影响。

植物是土壤生态的主体，对浅层土壤和地下水化学过程具有重要的调节作用。植物能够释放氢离子、还原剂和络合剂。

地下水生长着丰富多样的细菌和真菌，包括好氧微生物、兼氧微生物、厌氧微生物及自养微生物等。细菌的平均直径是 1μm，足可以在地下水中生长和迁移。细菌的活动反过来对地下水水质产生极大的影响。

有机物在浅层地下水中通过好氧微生物的作用，进行好氧降解，而在深层土壤地下水中则主要是厌氧发酵降解。

金属离子不能被降解，而且在不同的深度和不同的氧化还原条件下，会呈现显著不同的形态。以金属铁为例，在表层地下水，氧气可能与溶解性的亚铁离子反应，将亚铁离子氧化为三价铁离子。三价铁离子不稳定，容易形成氢氧化铁沉淀。

在用泵从水井取水过程中，水泵的抽吸作用改变了地下水原有的流向，深层地下水来不及补充，导致含铁离子浓度比较高的浅层地下水向深层流动。一方面，这部分水没有足够的时间经历类似深层地下水那样的过程将铁离子沉淀下来，从而增加水井出水中铁的浓度。另一方面，泵吸作用也加剧了空气向地下水中的扩散，导致亚铁离子被氧化，形成氢氧化铁沉淀，堵塞水井壁。在某些地区，铁在地下水中含量较高，用水井取水的过程中，呈溶解状态的铁容易被氧化而沉淀，堵塞井壁，导致水井出水量减少甚至不得不废弃水井。

二、污染地下水环境修复

（一）污染地下水环境修复概述

受污染地下水环境的修复技术按照场地可分为原位修复技术和抽出处理技术两种方法。抽出处理技术是将已受到污染的地下水抽取至地面后，对其进行净化处理，处理后经土壤反渗回地下水中的技术。净化处理方法主要是一些常规的物理、化学和生物处理技术。原位修复技术是利用物理化学方法或微生物法，在地下含水层对污染地下水直接进行修复的技术。目前，原位修复技术是地下水污染修复技术研究的热点。原位修复技术不但处理费用相对节省，而且可以减少地表处理设施，最大限度地减少污染物的暴露。同时，该技术减少了对地下水环境的扰动，是一种很有前景的地下水污染治理技术。相对于地表水而言，地下水的迁移、补偿、运动速率、微生物种类和数量、复氧速率及溶解氧含量等有利于污染物降解和转化的条件都比较差，加之地下水存在的地质条件复杂，又常受到地面建筑的影响，无法进行大规模集中式处理，所以地下水一旦被污染，其治理和修复也十分困难，往往需要一个长期的过程。同时，任何一种地下水处理的适用性都是有限的，当单独采用某种技术不能达到控制污染的目的时，将几种修复技术有机结合在一起，形成一个净化处理系统，可以发挥组合工艺的整体优势，从而达到修复污染水环境的目的。

（二）污染地下水环境修复工程设计

1. 现场调查

现场调查主要目的是确定污染程度，确定污染区域位置、大小、特征、形成历史、迁移方向和速度等。现场调查主要内容包括：

(1)地下水污染源调查。地下水污染源调查包括点源和非点源调查。点源调查包括工矿企业废污水排放调查、城镇生活污水调查及集约化、规模化养殖污染源调查；非点源调查包括农田径流营养成分流失调查、农村生活污水及生活垃圾排放量调查、分散式禽畜养殖污染物排放调查、城市径流污染物流失调查等。

(2)地下水污染途径调查。地下水污染途径调查包括地表各种形式的污水坑、池、塘、库等的面积、容量、结构及衬砌情况，投入使用时间，周边植被，包气带厚度和岩性，污水种类、成分，排污规律，排放量，池中水位变化规律，渗漏情况等；地表固体废物的堆放地、地表填坑、尾矿砂的废物种类、成分、可溶性、面积、体积，表层土的岩性，填坑底是否衬砌，埋藏封闭程度，堆放填埋时间，有无淋滤污染地下水的迹象；地下污水管道、储油库等渗漏情况，建筑物建立的年代、维修情况，是否有腐蚀侵蚀等损坏情况；废弃勘探孔的封填情况；溶洞、落水洞、大裂隙、废坑道等情况；矿区的旧坑道、老窑；各种地表水体(河流、湖泊等)的污染情况及其与地下水之间的连通关系等。

(3)水文地质调查。查明污染区的地质构造特征、地层分布、岩性特征，含水层的埋藏深度厚度、分布及各含水层之间的水力联系，地下水的补给、排泄条件，地下水的水化学成分及目前污染状况；地下水开采过程中地下水污染的变化；潜水与承压水混合开采井的分布和数量，分析含水层间水力关系及对地下水水质的影响；水岩相互作用对水质的影响，特别是不同地段的污水下渗对地下水水质的影响；地下水水化学调查。

2. 勘探试验

污染水文地质调查中常选用物探方法查明地质和水文地质条件，如了解古河道的位置，构造破碎带及岩溶发育带位置，基岩埋藏深度等。在地面调查和物探成果的基础上，才布置钻探和试验工作。污染水文地质调查需要进行野外试验工作，根据不同目的进行专门试验。抽水试验可以取得必要的水文地质参数，评价含水层的富水性，判断地下水与地表水或含水层之间的水力联系，查明含水层的边界条件等，测定弥散参数，查明污染源和途径。试坑渗水试验可以取得地层浅部渗透性能的参数，研究土层的净化作用和土层中污染物质的迁移作用。土层净化作用的野外试验主要是模拟污水灌溉和污水渠渗漏对地下水的污染影响，了解土层的吸附净化能力。实验室的工作主要有水化学分析和土样试验，研究污水和天然水与岩石之间的相互作用，测定物理化学作用参数、包气带土层自净能力，以及进行污染物在含水层中迁移模拟试验等。

3. 设计步骤

在设计前需要仔细研究污染物类型、地质、水力和现场限制等，确定修复的目标，了解相关法律法规方面的要求，比较多种设计思路和方案，进行现场中试研究，考虑各种可能遇到的操作和维修方面的问题，征求公众的意见，考虑健康和安全方面的影响，比较各种设计在投资成本、时间等方面的限制，考虑结构施工容易程度，以及制定取样检测操作、维修规则等。设计程序如下：

(1)项目设计计划。综述已有的项目材料数据和结论、确定设计目标、确定设计参数指标、收集现场信息、进行现场勘察、列出初步工艺和设备名单、完成平面布置草图、估算项目造价和运行成本、完成初步设计。

(2)项目详细设计。重新审查初步设计、完善设计概念和思路、确定项目工艺控制过程和仪表、完成概念设计，详细设计计算、绘图和编写技术说明相关文件，完成详细设计评审。

(3)系统施工建造。接收和评审投标者并筛选最后中标者，提供施工管理服务，进行现场检查。

(4)系统操作。编制项目操作和维修手册，设备启动和试运转。

三、地下水污染控制

(一)污染源的控制

1. 源去除

污染场地的类型多样，污染源也各不相同。污染源的去除就是消除污染物的泄漏，如修复或更换泄漏的储存罐、管道等；开挖被污染的土体或抽取污染源处高浓度的污染地下水，然后进行相关的处理等。源去除处理包括对污染源进行原位和异位的处理，如化学处理、焚烧、固化、分离等。

2. 源控制

有些污染源是很难去除的，如城市垃圾填埋场渗滤液泄漏的污染源，如果填埋规模很大，则很难通过开挖或抽取等方式彻底去除城市垃圾或渗滤液，因此，需要对污染源的泄漏进行控制。可以采用源包容方法，即对污染源进行防护系统设置、阻隔、封闭等。常用的方法是设置水平或垂直防渗透屏障，如可以对垃圾填埋场的底部防渗层进行强化修复，增强其防渗性能，防止渗滤液的下渗；也可以强化场地的顶部盖层，避免外部水的渗入，从而减少垃圾渗滤液的产生。在有些情况下，可以设置垂直的防渗墙，把污染源隔离开来，避免污染源对周围环境的影响。对于农业活动的污染场地，可以通过控制和调节农药、化肥的施加，避免污染加重。

（二）污染羽的控制

1. 水动力控制

水动力控制主要是利用地下水流场控制污染羽的扩展，需要对污染场地附近地下水水位进行监测，绘制地下水等水位线图，进行地下水流场分析，确定污染场地地下水的流向，计算地下水的水力梯度；还可利用含水层的有关参数（如渗透系数 K 、有效孔隙度 n 及地下水的水力梯度 I ），初步估算地下水的流速 v ，估计污染羽的迁移速度。

$$v = \frac{K}{n}I$$

从上式可以看出，通过减小地下水的水力梯度可以减缓地下水污染羽的迁移速度。具体办法是减少或停止污染场地地下水流向下游地下水的开采，也可以利用地下水的抽取或注入，达到控制地下水污染的目的。

2. 地下阻滞、拦截系统

通过在地下水污染源周围建立低渗透性垂直屏障，将受污染水体圈闭（阻隔）起来，能够控制污染源，阻截受污染地下水流出，控制污染羽扩散。垂直阻截系统施工简单，成本低廉，污染源控制效果显著。一般来说，阻截系统可以作为一种永久性的封闭方法，用于处理小范围的剧毒、难降解污染场地；但多数情况下，它应用于地下水污染治理的初期，作为一种阶段性或应急的控制方法。

垂直阻截墙最初在坝体、坝基和水库等水利水电工程中起到防渗和除险加固作用，随着垂直阻截墙技术的不断发展，这一技术也被广泛应用于地下水环境污染的控制工程中。根据墙体建造施工方法的不同，选用墙体材料的不同，形成了多种不同类型阻截墙。其中比较常见的有泥浆阻截墙、灌浆阻截墙、板桩阻截墙等。泥浆阻截墙的深度受开挖的限制，一般在较浅地层应用；灌浆和板桩技术不受深度的限制，但费用较大，在污染场地应用中需要考虑经济方面的要求。灌浆阻截墙技术采用灌浆或者喷射注浆的方式，向地层中灌入水泥浆液形成阻截帷幕。为了灌注的水泥能够形成连续的墙体，要求灌注井距离尽量小一些，有时需要设置两排灌注井。当灌注地层的渗透系数较大时，有利于灌浆阻截墙的构筑。这一方法在水利工程、市政工程中被广泛应用，故可以借鉴成熟的经验。板桩阻截墙通常是把缝式或球铰式连接而成的钢板打入地下，形成工程屏障。钢板连接处会逐渐形成细小地层介质的填充，使屏障的防渗性能增加。该项技术费用较大，随着材料科学的发展，工程塑料逐渐可代替钢板，从而降低工程造价。

第二节　污染地下水的主要修复方法

一、污染地下水抽取处理修复

（一）抽取处理概述

抽取处理技术（P&T）是采用水泵将污染地下水从蓄水层抽出来，然后在地面进行处理净化，使溶于水中的污染物得以去除，是一种早期应用于地下水污染的修复技术，目前应用仍然很普遍。在处理过程中，该方法一方面通过不断地抽取污染地下水，使污染羽的范围和污染程度逐渐减小，防止受污染的地下水向周围迁移，减少污染物的扩散，另一方面使含水层介质中的污染物通过向水中转化，抽取出来的含污染物地下水可以在地面得到合适的高效处理净化，然后重新注入地下水或做其他用途，从而减轻地下水的污染程度。但是，许多污染物不溶解于地下水，因此，抽出处理方法仅能去除溶于水的污染物，不能彻底清除地下水中的污染物。而且，该方法也不能保证全部地下水尤其是岩层中的污染物得到有效去除。目前，抽取处理方法主要应用于地下环境中混溶态（或分散态）污染物的修复，对于自由态的 NAPLs 污染物，可以采用两相抽提技术处理。

P&T 适用的污染物范围较广，包括许多有机和重金属等污染物，如 TCE、PCE、DCE、VC、BTEX、PAHs、Cr、As、Pb、Cd 等。通过国内外场地修复工程的经验，对含水层介质要求一般渗透系数 $K>5\times10^{-4}$ cm/s，可以是粉砂至卵砾石的不同介质类型。

抽取处理技术的应用首先要切断污染源，如地下储存罐的泄漏、固体废物填埋场的渗漏等，要去除或控制污染源，否则，抽取的过程会加速污染物从污染源向环境中的迁移，并使修复效率降低。P&T 方法的关键由两个部分组成：一是如何高效地将污染地下水抽出；二是地表处理技术的选用和效果分析。对于从含水层中抽取出来的污染地下水，可以采用环境工程污水处理的多种方法进行处理，如吸附、过滤、气提、离子交换、微生物降解、化学沉淀、化学氧化、膜处理等。

（二）抽取处理原理

地下水通过水泵和一个或者多个水井抽取上来。在抽取过程中，水井水位下降，与周围地下水形成水力梯度，导致周围的地下水不断流向水井，从而在每一个水井周围形成一个漏斗形状地下水区域。水井应该合理地覆盖污染区域，并且水井的抽水速率应该高于污染物在地下水中的扩散速率。在受污染地下水的抽出处理中，井群系统的建立是关键，井群系统要能控制整个受污染水体的流动。处理后地下水的去向有两个，一个是直接使用，另一个则是用于回灌。用于回灌，一方面可稀释受污染水体，冲洗含水层；另一方面还可加速地下水的循环流动，从而缩短地下水的修复时间。

（三）抽取处理现场调查

在实施技术修复前，需要进行现场调查，主要内容包括以下方面：

（1）地质和水力参数。水力渗透率、水力梯度、传递系数、地下水流动速度、蓄水层厚度、储存系数、水自流与泵抽比例。

（2）污染物方面的参数。污染物性质、溶解度、可吹脱特性、吸附特性、可生物降解特性以及环境排放标准等，污染带深度和分布、迁移方向和速率等。

（3）水化学特性。pH 值、总溶解性固体、电导率、总悬浮固体、总铁、溶解性铁、总锰、溶解性锰、钙硬度、总硬度、溶解氧和温度等。

（4）地下水流量变化。包括短期变化、长期变化和流量的稳定性等。

（5）土壤特性。土壤地质起源、土壤分层结构、颗粒尺寸分布、空隙率、有效空隙率、有机质含量等。

（6）环境标准。土壤修复标准、水处理和排放标准。

（四）抽取处理现场实验

在条件允许的情况下应该进行现场实验。通过现场实验，实际测定水泵的出流流量、持续时间，以及控制污染带迁移，计算所需要的水力传导系数等。基于实地水泵抽提实验得到的数据进行设计会更加可靠。

（1）水泵抽提实验可以在专门挖掘的井或者在已有的观察监测井中进行。对于开放式的蓄水层，需要实验时间一般是 72h；而对于承压蓄水层，24h 实验时间即可。在某些水量比较低的情况下，8~24h 即可。通过水泵实验，应该测定泵出流水量随着时间的下降趋势，根据相关方程可以计算出相应的水力传导系数、比产率系数或者比储存系数。

（2）地下水位实验一种实验是在瞬间抽取一定的水量，然后观察记录水位随着时间的恢复过程；另一种实验是瞬间将一大块固体放入地下水，然后观察地下水水位随着时间回落的过程。两个实验都可以估算相关水力传导系数。这两种方法实际上仅仅测定了局部的水力传导系数，具有一定的局限性。这两种方法的结果没有水泵抽提实验准确，但是方便和成本低廉，不需要安装水泵等设备。

(五)抽取处理工程主要设备

P&T 修复地下水一般可分为两大部分：地下水动力控制过程和地面污染物处理过程，系统构成包括地下水控制系统、污水地面处理系统和地下水监测系统。

1. 抽水井及抽水泵

抽水井一般选用水井钻机进行成井施工，采用全孔回转清水冲洗钻进，钻孔应圆整垂直；井管应由坚固、耐腐蚀、对地下水水质无污染的材料制成，并采用胶结剂封闭牢固，防止渗水漏砂；滤料石回填到位，潜水含水层上部严格止水，防止地表水进入含水层；成井后及时采用冲水头及潜水泵抽水联合洗井，达到水清砂尽的要求；井(孔)口应高出地面 0. 5m 以上，井(孔)口安装盖(保护帽)；选择抽水泵时，要充分考虑 P&T 系统操作过程中的抽水流量和总压头，同时应安装流量和压力计量器等。

2. 地下水监测设备

监测设备是 P&T 系统必不可少的组成部分，用于监测修复系统运行期间的状态，包括地下水水位监测、水质监测和含水层恢复监测。其中，水位监测用于确定 P&T 系统是否形成了向内的水力梯度，能够阻止地下水流和溶解性污染物越过隔离带的边界；水质监测主要是监测污染物是否越过隔离边界及边界处污染物浓度的变化；含水层恢复监测主要监测抽水井和监测井中的污染物浓度变化，以确定合理的抽水量和污染物清除结果。一般的监测设备包括地下水位仪、地下水水质在线监测设备等。

(六)抽取处理技术的适用条件

抽取处理技术适合短时期的应急控制，不宜作为场地污染治理的长期手段。具体特点如下：

(1)使污染物从地下环境中去除，可用于多种污染物的去除(有机和无机)，是污染刚发生时可以采用的应急方法。

(2)在污染初期，地下水中污染物浓度较高时，有较好的去除效率。

(3)抽出的污染地下水可以考虑送入污水处理厂进行处理。

(4)随着抽取处理的进行，地下水中污染物的浓度变小，抽取处理的效率降低，出现“拖尾效应”，污染的处理时间较长。

(5)当停止抽水时，会出现地下水中污染物浓度的升高，出现反弹现象。

(6)对含水层介质要求一般渗透系数 $K>5\times10^{-4}$cm/s，可以是粉砂至卵砾石的不同介质类型。

总之，抽取处理方法可以用于有机或重金属污染地下水的处理，应用较为广泛，其修复效果受诸多因素影响，如场地岩性、污染物形式、含水层厚度、抽水量、抽水方式、井布局、井间距、井数量等；其缺点是达到修复目标所需的修复时间长。

二、污染地下水气体抽提修复

(一)气体抽提技术

气体抽提技术利用真空泵和井，在受污染区域诱导产生气流，将呈蒸气、吸附态、溶解态或者自由相的污染物转变为气相，抽提到地面，然后将抽提的蒸气采用热解氧化法、催化氧化法、活性炭吸附法、浓缩法、生物过滤法及膜分离法等方法进行收集和处理。气体抽提系统包括抽提井、真空泵、湿度分离装置、气体收集管道、气体净化处理设备和附属设备等。

气体抽提技术的基础是污染物质的挥发特性。在孔隙空气流动时，含水层中的污染物质不断挥发，形成蒸气，并随着气流迁移至抽提井，集中收集抽提出来，再进行地面净化处理。因此，气提技术取决于污染物质的挥发特性、土壤和地层结构对气流的渗透特性。气流可以由负压诱导产生，也可以由正压形成。气体在土壤和岩层空隙中的流动呈三维形式。气体流动受许多因素的限制，如包气带岩性、空隙率、空气渗透率、土壤和地层渗透性的各向异性、地下水的埋深、污染泄漏情况和对流导管布置等。

气体抽提技术的主要优点包括：

(1)能够原位操作，比较简单，对周围干扰小。

(2)能有效去除挥发性有机物。

(3)在可接受的成本范围内，能够处理较多的受污染地下水。

(4)系统容易安装和转移。

(5)容易与其他技术组合使用。

在美国，气体抽提技术几乎已经成为修复受加油站污染的地下水和土层的“标准”技术。气体抽提技术适用于渗透性较好的均质地层。

(二)气体抽提过程

气体抽提过程一般分为几个阶段。初期，介质孔隙中空气含有的挥发性有机物处于平衡甚至饱和状态。当开始抽提时，呈饱和平衡状态的气相首先移走，液相状态的有机物传质至气相，并被带出来，气流中有机物浓度相对稳定。当大部分自由相状态的有机物被移走，平衡被破坏，气相移动的速度大于污染物质从液相或者固相挥发传质的速度。此时，液相呈乳化状态或者黏附在土颗粒表面物质逐渐挥发，然后是水相中呈溶解状态物质的挥发，被吸附在土颗粒表面上的有机物脱附。为了有效地增加空气流量，一般把抽提井周围的地面用塑料覆盖，使空气在更大范围内扩散，使有限的空气通过更多的土层。周边覆盖还可以减少雨淋，减少水渗流所产生的不利影响。为了提高抽提效果，也可以特别设置空气注入井，直接插入空气难以通过的污染区域。在使用真空泵抽吸时，为减少地下水上升所造成的影响，需要将抽提井的底部封住。

在应用气体抽提技术时，需要考虑污染物特征，如成分、类型、时间、浓度、阶段及分布等，同时考虑环境条件，如水文地质条件、土壤湿度、地表特征、污染水平和垂直范围等。

（三）气体抽提现场中试实验

在进行设计之前，最好进行中试规模的实验，以便获得工程现场第一手的设计资料和参数，因此也称为现场设计实验。中试实验主要内容包括测定土壤空气渗透率、蒸气抽提半径范围、抽提出来的空气的浓度和成分，所需要的空气流量、真空水平、真空泵功率，估计修复需要的时间和成本造价等。因此，中试实验应该包括蒸气抽提实验井、真空抽提泵、至少三个观察点、蒸气后净化处理系统、流量计、皮托管、真空表、取样点、取样装置、分析仪器等。

（四）抽提蒸气后处理技术

抽提蒸气后处理技术主要有热解氧化技术（又称为焚烧技术）、催化氧化技术、吸附技术、浓缩、生物过滤、膜分离技术等，可参考相关文献。

三、污染地下水循环井修复

（一）循环井概述

地下水循环井（Groundwater Circulation Well，GCW）技术是为地下水创造三维环流模式而进行的一种原位修复技术。GCW 技术是在 AS 修复技术上的改进，传统的 AS 技术是由注气井、恢复井或观测井组成的。由注气井在地下污染含水层中注入空气(氧气)，气体在注气井周围含水层中呈向外辐射状运动，进入包气带或通过恢复井排出。GCW 技术通过井管的特殊设计，分上、下两个过滤器，通过气体提升或机械抽水使地下水在上、下两个过滤器形成循环，即地下水由井的下部(或上部)进入，由上部(或下部)流出再进入含水层，这样会在井周围的一定范围形成地下水的三维流循环，井内两过滤器间的压力梯度差是这个循环流的驱动力。通过不断的水流冲刷扰动作用，带动有机物进入内井，并通过曝气吹脱去除。此外，在井周围的水流循环影响范围内，提高了药剂弥散程度，改善了地下水的好氧环境，有利于有机污染物的好氧降解，从而提高修复污染地下水的处理效率。

(二)循环井系统类型及原理

1. UVB 系统

地下水循环井技术的早期称为“井中曝气”“井中处理”技术。最早是 1974 年 Raymond 在污染场地原位微生物修复实验中使用了“井中曝气”的方法。大量使用的本技术是由德国的 IEG 技术公司研发的 UVB(德语缩写，意为真空气化井)技术。UVB 系统循环井有两个过滤器，中间被隔离开来，通过水泵从下部过滤器抽提地下水，水流向上；而地表进行注气，气流向下，水—气可以在曝气反应器中充分混合作用。VOC 气体排出地表收集，井中水流通过上部过滤器进入含水层中。IEG 研发了很多类型的 UVB 技术，如增加井中处理单元、研发特殊的过滤器减缓堵塞等。

通过地下水在井内与井外的循环，形成了两个主要有机物去除单元：井中气体抽提和强化原位生物降解。循环井内井曝气过程中，发生相间传质作用，地下水中的挥发性和半挥发性有机物由水相进入气相，通过吹脱去除，空气中的氧气则由气相进入水相，提高地下水中的溶解氧含量，并随着地下水的流动，在浓度梯度作用下，扩散到循环井的影响区域内，进而强化原位好氧生物降解作用。

2. DDC 系统

同时期，Wasatch Environmental Inc. 开发了简化的气流提升井中处理系统，也称密度驱动对流系统(DDC)。两者原理相同，都是通过在井中注入空气，通过空气上升，使地下水向上运动而形成地下水的循环。不同之处是前者将曝气后的污染气体收集，在地表进行处理；而后者直接将气体引入包气带，利用微生物作用进行降解，省去了地表处理设施。

（三）循环井技术应用

1. GCW 技术的应用

虽然 GCW 技术在场地已经有许多成功应用的实例，但这种修复技术的使用还是需要对场地条件和污染物特性等进行详细的分析研究。有可能影响这一技术的应用及效果的因素如下：

（1）通过井中循环挥发性有机污染物从地下水中进入空气中得以去除，在周围含水层中是否会发生有机污染物的进一步降解取决于目标污染物的好氧生物降解性能、降解微生物的存在，以及其他地球化学和微生物学环境条件。

（2）井中的气体抽提对于亨利常数大、污染浓度高的有机污染物具有很好的去除效果，而对于亨利常数小或污染物浓度很低的情形，则处理效果不好。

（3）在应用该技术进行修复时，需要清楚地层地球化学条件、微生物环境条件变化带来的系统变化，如金属氧化物的沉淀、地层的生物堵塞。这些情形的发生会限制修复系统的运行。

（4）含水层厚度小的情形可能需要更多的循环井，因为每口井的影响范围是井花管长度和两个花管间距的函数。一般污染含水层的厚度不应小于 1.5m，但也不能厚度太大（>35m），厚度太大则难以形成水的循环。

（5）循环井可能使自由相 NAPLs 发生迁移扩散，因此，在使用本修复方法前，应先进行自由相污染物的抽提去除。

（6）当含水层的水平渗透系数大于 10^{-5}cm/s 时，本修复技术效果较好。如果存在低渗透性的透镜体，则修复效果会变差。

（7）如果地下水的流速太大，将会导致污染地下水的“绕流”，本修复技术的效果变差。一般如果污染地下水的流速大于 0.3m/d，就需要引起注意

2. GCW 技术的优点

（1）费用小。只用一口井就可以实现抽提污染气体和地下水污染的修复；不需要抽取地下水和地表处理，可以实现地下水中 VOCs 的连续去除；污染气体的处理要比污染地下水的处理容易和便宜；系统运行和维护费用低。

（2）容易和其他技术联合使用。能够在地下含水层中传输和循环有利于污染修复的各种化学药剂，如表面活性剂、催化剂和营养物质等；通过空气的输送和循环增强了地下水有机污染的微生物降解；可与 SVE 等系统联合使用。

(3)技术简单。不需要在地下更换部件；可以连续运行，维护简单；系统没有复杂的部件组成。

(4)效果好。集井中气体挥发和含水层中地下水循环为一体，有机污染物的去除包括挥发和微生物降解；GCW 周围三维水流的形成，有助于低渗透地层中污染物的去除。

3. GCW 技术的缺点

在运行中，由于化学沉淀，有可能导致井的过滤器堵塞，影响地下水的循环；含水层埋深太小时，因地下水循环的空间限制，使用效果不佳；如果井设计不合理，则存在使污染羽扩展的可能。

第三节 其他的修复方法

污染地下水环境修复方法还有很多，如化学氧化修复、可渗透反应屏障修复，等等。篇幅所限，本节以微生物修复为例，来对污染地下水环境修复进行进一步研究。最早的原位微生物修复研究是 Raymond 在 20 世纪 70 年代对汽油泄漏的处理，通过注入空气和营养成分使地下水的含油量降低，并由此取得了专利。随后在 20 世纪 80 年代原位微生物处理技术的研究被推广至不饱和土壤，形成了较为完整的土壤—地下水微生物修复技术。

一、微生物修复原理

微生物修复技术是利用微生物降解地下水中的污染物，将其最终转化为无机物质。微生物修复技术以其具有的投资低、效益好、应用简便等特点，被逐渐应用于地下水有机污染的治理中，现已成为一项能有效清洁环境并有很大发展潜力的新兴技术。

按照场地，微生物修复技术分为异位微生物处理和原位微生物修复两类。地下水的异位微生物修复技术主要应用生物反应器法，将地下水抽提到地上部分，用生物反应器加以处理。原位微生物修复是在基本不破坏土层和地下水自然环境的条件下，将受污染土层和地下水原位进行微生物修复。

按照微生物的来源，原位微生物修复又分为原位自然微生物修复和原位工程微生物修复。原位自然微生物修复是利用土壤和地下水原有的微生物，在自然条件下对污染区域进行自然修复。原位工程微生物修复分为生物强化修复和生物接种修复两种类型。生物强化修复是提供微生物生长所需要的营养，改善微生物生长的环境条件，从而大幅度提高野生微生物的数量和活性，提高其降解污染物的能力；生物接种修复是投加实验室培养的对污染物具有特殊亲和性的微生物，使其能够降解土层和地下水中的污染物。按照营养特征，这些土著微生物、外来微生物和基因工程菌可分为好氧、厌氧、兼氧和自养微生物。

不同类型的电子受体参与生物降解反应需要相应的氧化还原电位。好氧反应需要在比较高的氧化还原电位条件下进行，而厌氧反应需要在比较低的氧化还原电位条件下进行。其中，以分子氧作为电子受体的生物降解反应速度最快。因此，向土壤和地下水供应氧气和氮磷营养，可以加速生物降解修复过程。

污染物在土壤和地下水中以不同形态存在，对微生物的影响也各不相同。对于微生物，能够直接吸收的是溶解性污染物，因此污染物总浓度并不重要，重要的是溶解性浓度，或者有效浓度。当存在两种或者两种以上显著不同类型的微生物群落时，由于其降解动力学不同，彼此相互消长，使得宏观或者总的降解速率不断地波动。对于包气带土层，湿度对于微生物活性的影响非常大，影响有机物可利用性、气体传输、污染物毒性效应、微生物等。微生物修复在很大程度上还取决于地下水的环境因素，主要包括温度、pH 值、盐度等。一般认为微生物所处环境的 pH 值应保持在 6.5~8.5 的范围内，以保证微生物的活性。温度对微生物活性影响显著，20~35℃是普通微生物最适宜的温度，随着温度的下降，微生物的活性也下降，在 0℃时微生物活动基本停止。但温度一般是不可控的因素，应将季节性温度的变化考虑进去。

二、微生物修复工艺

不同类型的污染土壤和地下水，应该采用不同类型的微生物修复技术形式。这些修复技术可以是一种技术形式，也可以是几种技术形式的组合。一个典型原位微生物修复系统包括地下水回收井、地面处理、营养添加和电子受体添加等部分。

在传统的微生物修复系统内，地下水形成循环，加快水在介质中的流动速率，因此氧气和营养能够以比自然流动更快的速度输送，微生物数量和降解速率能够提高几个数量级。对于许多生物修复系统，电子受体常常用过氧化氢替代氧气，以提高好氧生物降解过程效率，其优点是过氧化氢在水中的溶解度高，可以更高浓度注入地下水并迁移更远的距离。该系统的一个主要缺点就是过氧化氢不能得到有效利用，只有 10%~20% 的过氧化氢被微生物真正利用，其他部分以氧气形式释放逸出。另外，循环抽提—微生物修复技术和曝气—抽提组合微生物修复技术是两种常见的技术组合形式。循环抽提—微生物修复技术，利用曝气井和抽提井组合，在注入空气的同时，在另一侧抽提蒸气和空气，加快循环。对于饱和带，生物曝气类似于空气吹脱，但是压力应保持得尽量低，以避免污染物从地下水中挥发，迁移至包气带，导致污染转移。采用曝气与气体抽提相结合的工艺，是一种有效形式。

微生物修复技术也可以只在特定的活性区域实施，作为阻截手段，活性带一般垂直于地下水流向，在污染带的下游，空气和微生物营养交接注入活性带。这是一种被动的方法，但是非常有效。

在实际操作中，可以根据情况采取不同措施，提高微生物修复效率。常用措施包括以下几种。

(1)采用纯氧代替空气或者过氧化氢，提高溶解氧浓度。纯氧以微小气泡的形式随水注入地下。在20℃时，空气氧的饱和质量浓度是9mg/L，纯氧的饱和质量浓度可以达到45mg/L，可以大幅度提高地下水溶解氧浓度。

(2)采用硝酸盐代替氧和过氧化氢作为电子受体。在这种情况下，脱氮微生物活性得到提高，在将NO_3^-转化为N_2的过程中，有机物得到有效降解。

(3)注入甲烷，提高甲烷细菌的活性，诱导产生甲烷单氧酶，提高一些难降解物质(如三氯乙烯)的降解速率。

采用厌氧、好氧和共代谢组合的方法，可以取得比单独一种方法更好的生物修复效果。采用实验室培养或者现场分离的微生物，经过强化驯养，投入地下水中，对地下水中特定的污染物进行生物降解。

三、微生物修复与污水生物处理的差异

土壤和地下水原位微生物修复与传统的污水微生物处理相比较，其最主要的共同点就是“生物降解”，即利用微生物分解转化有机污染物。但原位修复和污水生物处理具有很大的差异。

(一)环境介质

传统的污水处理流程中，污水收集进入处理设施，以悬浮式或附着式的微生物生长方式，在好氧、无氧或厌氧的条件下，将污染物分解去除。生物分解进行时，污染物所处的环境介质是水溶液，或是吸附于水溶液中悬浮状物质上。若有挥发性物质，则会根据其挥发性的大小，逸散而出。因此，传统污水的微生物处理主要针对溶解态的有机污染物。而

在土壤和地下水污染的原位微生物修复中，污染物会以气、液、固三相同时存在。

液相中污染物溶解部分的去除与污水处理类似，但浓度分布不均匀，且存在 NAPLs 自由相的问题。在污水生物处理系统中，一般都避免排入自由相的 NAPLs，即使在污水处理系统中有少量原液，也可以在调节池中被稀释。因而，传统的污水处理不易看到非水相液体的存在。而污染场地的原位修复过程中则有可能出现自由相的 NAPLs。如果存在 NAPLs 自由相，则利用原位微生物降解几乎无法将其有效去除。此时，需要采用抽提的方法先收集自由相的污染物。

传统污水生物处理中的挥发性有机污染物，逸散后可以忽略其对生物处理的效应；但在土壤和地下水微生物修复过程中，由于气相物质扩散速率较慢(尤其在水分含量高时)，大部分的气相物质存在于体系中，从而有可能由气相再进入液相。因此，气相污染物需要在修复系统中统一考虑。

传统污水生物处理中大多数情形下不需要考虑吸附相污染物(活性炭生物再生等少数例外)，只需要考虑溶解相污染物；但原位微生物修复中，固相介质吸附的污染物是系统中污染物的主要组成之一，液相中污染物被分解去除浓度降低可导致固液相之间平衡的改变，吸附于固相上的污染物溶解吸附进入水溶液中，使污染物水中的浓度增加。因此，原位微生物修复设计中不能只考虑液相中的污染物，同时要考虑吸附于固相上的污染物。总之，在传统的污水生物处理系统中，一般只考虑液相污染物的问题即可，但在土壤和地下水原位微生物修复中，却需要同时考虑气、固、液三相及 NAPLs 自由相等因素。

(二)生物可利用性

如前所述，传统污水生物处理中大部分只考虑液相即可，可以通过搅拌等方式促进污染物与微生物的接触，因而反应速率较大。但土壤和地下水污染修复中，却存在传质方面的问题。一方面需要考虑污染物的生物可降解性，另一方面需要考虑污染物的生物可利用性。当地层中的有机质含量高，污染物被吸附的能力强，或地层介质的渗透性小时，污染物与微生物的接触受影响，从而影响其降解速率。也就是说，即使污染物的生物可降解性很高，但却有可能因为吸附等因素使其不易被微生物利用，影响修复的效果。因此，原位微生物修复效果的主要限制因子有时可能是污染物的脱附速率或是其在介质中的扩散迁移速率，而不是污染物的可生物降解性。

(三)反应空间

传统污水生物处理在反应池中进行，系统均匀，易于操作控制，反应动力学等参数可以定量描述，反应过程可以较为准确地控制。而土壤和地下水的污染是一个非常复杂的体系，是非均质、多相体系，在空间上分布不连续、不均匀，孔隙空间大小不一致。因此，土壤和地下水污染的原位修复存在许多不确定性和困难，如反应过程难以定量描述、微生物生长存在地层介质的堵塞问题等。

（四）反应过程

污水生物处理与土壤和地下水污染原位修复在污染物的生物降解反应过程上有很大的差异，如反应速率、污染物浓度、微生物量、营养物利用等方面。土壤和地下水污染的原位修复中，不宜以较高的反应速率为目标。因为高的反应速率，意味着微生物的大量增加，有可能导致地层介质的堵塞；同时营养物的需求增大，而孔隙的堵塞会使营养物的传输受到限制。所以，应该以可持续进行的微生物降解为目标，即以较低的反应速率，在少量但持续的供氧及营养物的条件下，让微生物降解在地层介质中持续进行。

有时地下水中的有机污染物浓度可能很小，无法维持微生物的生长，必要时需外加碳源，促进微生物的生长。外加碳源有几点需要注意：法规的规定；添加量不能导致残留；外加碳源所增殖的微生物需能降解目标污染物；不应形成生物阻塞；需有相对应的营养物质或电子受体的添加。

（五）其他

在系统的后续管理、处理（修复）效益确认（评估）、可持续性，以及出现问题的解决措施和难易程度等方面，污水生物处理与土壤和地下水污染原位修复都有很大不同。

四、微生物修复的优缺点

（一）原位微生物修复技术的优点

（1）对溶解于地下水中的污染物进行修复，同时对吸附或封闭在含水层介质中的污染物也能进行降解。

（2）所需设备简单易得，操作方便，对场地的扰动较小。

（3）修复时间有可能比其他修复技术短（如抽取—处理）。修复的费用相对较小。

（4）可以与其他修复技术联合使用，如 AS、SVE 等，增强场地修复的效率。

（5）投加营养物质的数量合适时，一般不产生二次废物，无须进行二次污染物的处理。

（二）适用条件

（1）提供微生物代谢所需的无机营养物，如 N、P 及微量痕量元素。

（2）适宜的温度，一般为 5~30℃。

（3）适宜的 pH 值，一般为 6~8。微生物降解作用所产生的有机酸会导致 pH 值降低，其产生的影响因所处理的有机物组成和环境缓冲能力的不同而有差异。

五、微生物修复应用

在给定的地下水污染场地，原位微生物修复技术是否适用需要进行评估。评估可分两个阶段进行：初步筛选和详细评估。在初步筛选阶段要了解原位微生物修复技术对特定污染场地是否有效果；详细评估进一步对修复效果进行分析和确认，通过污染场地的具体情形，如污染物、地层介质特性等的对比研究，明确场地是否适用原位微生物修复技术。

（一）初步筛选评估

对地下水污染原位微生物修复技术是否适用于特定的污染场地做出快速判断。主要从两个大的方面进行分析：污染含水层介质的渗透性能越大越有利于技术的应用；目标污染物的可生物降解性大有利于微生物修复技术的使用。

确定原位微生物修复技术是否有效的主要参数包括：

（1）含水层的渗透系数，它决定了电子受体和营养物的传输过程，是这些物质能否在污染羽范围内均匀分布的关键。含水层介质的类型决定了其渗透系数的大小，粗粒径的介质（砾石、砂）具有较大的渗透系数；细颗粒（粉土、黏土）地层渗透系数小。一般来说，渗透系数大的地层原位微生物修复技术有效；在较细的粉土或黏性土地层中，有时微生物修复技术也能具有一定的效果，取决于污染程度。渗透性小的污染含水层，其修复时间相对较长。

（2）目标污染物的可生物降解性，它决定了微生物对污染物的降解速率和程度。有机污染物的特性决定了其可生物降解性，如污染物的化学结构、理化特性（水溶性、辛醇—水分配系数等）。水溶性大、相对分子质量小的有机污染物具有较强的可生物降解性；水溶性差、复杂大分子有机物的可生化降解性差。

（3）目标污染物在地下环境中的位置分布。原位微生物修复技术对于污染物溶于地下水中或吸附在渗透性大的含水层介质中（砂砾石）的情形具有很好的效果。如果有下述情形时，修复效果受到影响或导致修复技术无效：①主要污染在包气带。②主要污染物封闭在低渗透地层。③污染位于电子受体与营养物传输不到的区域。

（二）适用性的详细评估

给定污染场地通过初步筛选，确定有可能适用于微生物原位修复，还需要进行适用性的详细评估，最终确定微生物原位修复技术是否有效。详细评估需要对污染场地的特征和污染物特性进行更为广泛的深入研究，具体包括：

（1）场地特征：渗透性能、介质结构和分层、地下水化学组分、地下水 pH 值和温度、存在的微生物、电子受体和营养物。

（2）污染物特性：化学结构、浓度和毒性、溶解度。

1. 影响微生物原位修复效果的场地特征

（1）渗透系数。渗透系数可以表征水通过含水层介质的能力，是评价原位微生物修复效果的重要参数之一，它控制了细菌所需要的电子受体和营养物的传输速率和分布。含水层的渗透系数可以通过野外抽水试验获得，在污染场地进行抽水试验需要考虑避免使污染羽进一步扩散的问题，同时不能抽取太多的污染地下水，因为需要进行地面处理以后才能排放。当污染含水层的渗透系数大于 10^{-4}cm/s 时，原位微生物修复技术效果良好；渗透系数在 $10^{-4} \sim 10^{-6}$cm/s 时，有可能具有一定的修复效果，但需要做认真的评估、设计和控制。

（2）介质结构和分层。含水层介质结构和分层可以影响抽水和注入时地下水的流速和流态。介质结构如微裂隙可以使黏土的渗透性增强，水流会在裂隙中流动，但不能进入非裂隙区域。地层介质的分层（如不同渗透性的地层交互）可以使地下水更容易在高渗透性地层中运移而难以进入低渗透性的地层，使低渗透地层的修复效果变差，修复时间延长。

污染含水层的介质结构和分层情况可以利用场地调查阶段的钻孔取样记录来确定，也可以通过地球物理测井资料来进行分析。如果场地地层有分层现象，则在修复方案设计时需要特殊考虑，如注入井需要考虑能够使电子受体和营养物进入低渗透性地层，确保修复效果，地下水水位的波动在修复方案设计时也需要考虑。

（3）地下水化学组分。地下水中过量的钙、镁或铁可以与一些阴离子反应，在介质通道中生成沉淀，如注入的微生物营养物质磷酸根及碳酸根等。沉积物可降低含水层的渗透系数，从而影响微生物修复的效果。这些沉积物也会对修复设备和管道等产生影响。此外，磷酸盐的沉淀使微生物降解所需的磷不能有效被利用。实际应用中往往注入过量的三聚磷酸盐以提供营养。

当污染含水层中有氧进入时，可与地下水中溶解的 Fe^{2+} 发生氧化还原反应，生成铁的氧化物沉淀。这种沉淀很容易在注入井的周围形成，造成注入井的堵塞。

地下水中的硬度、碱度和 pH 值也是评价沉淀是否发生的指标，如硬度大的地下水容易形成沉淀。地下水中的化学组分有可能给原位微生物修复带来不利的影响，因此，在场地调查阶段需要认真关注。

(4)地下水的 pH 值和温度。地下水中极端的 pH 值(小于 5 或大于 10)，一般来说不利于微生物活动，微生物活动的最佳 pH 值为中性(6~8)。但随不同的场地而不同，如有的污染场地在 pH 值很小(4.5)时，仍发现有微生物的活动。由于土著微生物适应了其存在的环境，所以人为调整 pH 值(即使是调整到中性)，可能会限制微生物的活动。

如果由于污染导致了地下水中 pH 值超出了正常范围，不利于微生物的活动，则可以人为调节。地下水中 pH 值太小，可以加入石灰或氢氧化钠进行调节；如果 pH 值太大，可以选择合适的酸(如盐酸等)进行调节。在进行 pH 值调节时，要注意进行地下水的监测，调节不能太剧烈，如 pH 值快速变化 1~2 单位时，容易抑制微生物活动，而重新启动微生物系统需要较长的时间。

细菌的生长与温度直接相关，当地下水温度低于 10℃时，细菌的活动性极大地下降，温度低于 5℃时，一般微生物活动停止。温度的增高会使微生物的活性增大，对有机污染物的降解效果增强，但当温度大于 45℃时，对有机物的降解作用消失。在 10~45℃范围内，温度每升高 10℃，微生物活动速率增加一倍。

(5)微生物。土壤中一般存在大量的微生物，包括细菌、藻类、真菌、放线菌和原生动物，其中细菌是数量最大、化学活性最强的(特别是在低氧含量的条件下)，所以在地下水中对有机污染物的降解起主要作用。

在污染场地中，自然微生物种群经历了一个选择的过程：首先，适应驯化期，微生物要适应新的环境和“食物”；其次，那些能够快速适应的微生物趋向于快速生长，可以优先利用营养物；最后，当环境条件改变，提供食物的特征发生改变时，微生物种群也发生改变。能够经得起环境变化影响的微生物一般能够对污染物的降解起作用。

为了确定微生物的存在和种群密度，需要进行场地土壤取样，实验室分析。以有机物为能量的异养菌普遍存在于土壤中，当平板计数每克土中小于 1 000 菌落形成单位(CFU)时，可以表明氧气耗尽、缺少营养物或具有毒害性的组分存在。一般认为当环境中异养菌群数大于 1 000CFU/g(干燥土)时，原位微生物降解会具有效果；菌群数在 100~1 000CFU/g 时，微生物降解有可能有效，但需要研究是否存在毒害微生物生长的条件(高重金属浓度等)，以及微生物过刺激的反应(如增加电子受体、营养)；当小于 100CFU/g 时，微生物修复一般无效，但有时也可以通过微生物刺激达到原位修复的效果。

(6)电子受体和营养物。微生物的代谢(生长、繁殖)需要碳作为能量源，需要电子受体(氧气等)去酶催化氧化碳源，即微生物在氧存在的条件下与有机物作用，最终生成二氧化碳、水和能量。微生物可以通过其代谢过程中的碳源和电子受体进行分类，使用有机物作为碳源的称为异养菌；使用无机碳源(二氧化碳)的称为自养菌。利用氧气作为电子受体的细菌称为好氧菌；利用化合物(如硝酸盐、硫酸盐等)作为电子受体的称为厌氧菌；既能利用氧气又能利用化合物作为电子受体的细菌称为兼性菌。在地下水污染微生物修复过程中，好氧菌、兼性菌和异养菌非常重要。

微生物需要无机营养(氮、磷等)帮助细胞的生长，含水层有可能提供足够的营养，但大多数情况需要注入营养物以满足微生物修复的需求。最大营养物质的需求量可以根据微生物降解过程，通过化学计量进行估算。

2. 影响微生物原位修复效果的污染物特性

(1)化学结构。有机污染物的化学结构决定了其微生物降解的速率，结构越复杂其降解性越差，修复所需的时间越长。许多相对分子质量低的脂肪族化合物(九个碳以下)、单环芳烃具有较好的可生物降解性；而相对分子质量高的脂肪族化合物、多环芳烃相对差一些。直链化合物比其支链化合物更容易降解。

(2)浓度和毒性。含水层中高浓度的有机污染物、重金属会抑制降解菌的生长和繁殖。但如果地下水中的有机污染物浓度很低，也会限制微生物的活动。一般而言，石油类污染物在地下水或含水层中的含量大于 50 000mg/kg、有机溶剂大于 7 000mg/kg、重金属大于 2 500mg/kg 时，对好氧降解菌具有毒害性和抑制作用。

除了考虑污染物的最大浓度，还要考虑其在地下水中的最小浓度。如果污染场地的修复标准中污染物的浓度很低，超过某种“阈值”时，污染物降解菌将得不到充足的碳源维持降解污染物的活性。可以通过实验室研究来确定这一阈值，但实验室的结果往往要比现场实际应用中低很多，在应用中需要注意。虽然这一阈值根据污染物的不同、微生物的不同而变化很大，但一般认为污染组分在含水层中的含量(包括介质和水中)小于 0. 1mg/kg 时，微生物难以维持降解作用，虽然此时污染组分在地下水中的浓度有可能很低，甚至低于检出限。对于石油类污染物，由于存在难生物降解的组分，很难达到超过 95% 的去除率。如果污染地下水中污染物的修复浓度标准小于 0. 1mg/kg，污染去除率要求大于 95%，则需要进行原位微生物修复技术可行性的研究，验证是否可以达到目标，或与其他修复技术联合使用。

(3)溶解度。有机污染组分的溶解度决定了其在地下水中的迁移分布，溶解度大的有机物，其被微生物利用和降解的可能性也大。溶解度小的有机物趋向于被吸附在含水层介质中，微生物降解的速率较慢。

▶第七章

水环境水资源保护

第一节　水环境水资源保护概述

水资源不管是对经济社会的可持续发展，还是对生态环境保护和建设而言都具有非凡的意义。然而，随着经济社会的发展和水资源开发利用程度的提高，人类对水资源系统有着越来越多的不良干预，水资源短缺、水污染严重、水生态恶化等问题日益突出，对我国经济社会可持续发展产生了负面的影响。为此，水行政主管部门应进一步加强水资源保护工作，积极采取有效措施防止水源枯竭、水污染和水生态恶化，维护水域水量、水质、水生态的功能与资源属性。

一、水资源的重要性

水是生命的源泉，是基础性的自然资源，是战略性的社会经济资源。可以说，人类的生存与发展从根本上依赖于水的获取和对水的控制。自古以来，人们对水的利用从未停止过。

（一）生命之源

水是地球上分布最广、储量最大的物质，是自然资源的生命之源，水的存在和循环是地球孕育出万物的重要因素。

水是生命的摇篮，最原始的生命是在水中诞生的，水是生命存在不可缺少的物质。不同生物体内都拥有大量的水分，一般情况下，植物植株的含水率为60%～80%，哺乳类体内约有65%，鱼类75%，藻类95%，成年人体内的水占体重的65%～70%。此外，生物体的新陈代谢、光合作用等都离不开水，每人每日大约需要2～3L的水才能维持正常生存。

水占人体重量的一大部分，是人体组织成分含量最多的物质，维持着人的正常生理活动。医学试验测定，如果人体内的水分比正常量低，就会随着减少程度的增加而出现口渴、意识模糊直至死亡等各种表现。科学观察和灾难实例表明，成年人在断粮不断水的情况下，可以忍耐40d之久；而在断粮又断水的情况下，一般仅可忍耐5～7d。

（二）文明的摇篮

没有水就没有生命，没有水更不会有人类的文明和进步，文明往往发源于大河流域，世界四大文明古国——中国、古代印度、古代埃及和古代巴比伦——最初都是以大河为基础发展起来的，尼罗河孕育了古埃及的文明，底格里斯河与幼发拉底河流域促进了古巴比伦王国的兴盛，恒河带来了古印度的繁荣，长江与黄河是华夏民族的摇篮。古往今来，人口稠密、经济繁荣的地区总是位于河流湖泊沿岸，沙漠缺水地带人烟往往比较稀少，经济也比较萧条。

（三）社会发展的重要支撑

水资源是社会经济发展过程中不可缺少的一种重要的自然资源，与人类社会的进步与发展紧密相连，是人类社会和经济发展的基础与支撑。在农业用水方面，水资源是一切农作物生长所依赖的基础物质，水对农作物的重要作用表现在它几乎参与了农作物生长的每一个过程。农作物的发芽、生长、发育和结实都需要有足够的水分，当提供的水分不能满足农作物生长的需求时，农作物极可能减产甚至死亡。在工业用水方面，水是工业的血液，工业生产过程中的每一个生产环节（如加工、冷却、净化、洗涤等）几乎都需要水的参与，每个工厂都要利用水的各种作用来维持正常生产，没有足够的水量，工业生产就无法正常进行，水资源保证程度对工业发展规模起着非常重要的作用。在生活用水方面，随着经济发展水平的不断提高，人们对生活质量的要求也不断提高，从而使人们对水资源的需求量越来越大，若生活需水量不能得到满足，必然会成为制约社会进步与发展的一个瓶颈。

（四）生态环境基本要素

水资源是生态环境的基本要素，是良好的生态环境系统结构与功能的组成部分。水资源充沛，有利于营造良好的生态环境，反之，水资源比较缺乏的地区，随着人口的增长和经济的发展会更加缺水，从而更容易产生一系列生态环境问题，如草原退化、沙漠面积扩大、水体面积缩小、生物种类和种群减少。

（五）关乎国家安全

水关乎着一个国家和民族的安全。有史以来，各部族、区域和国家之间就经常因为争夺水而发生冲突。历史证明，水资源的合理开发利用和保护对社会经济和稳定有着决定性的影响。

作为一种战略资源，水不仅关乎一个国家的发展和稳定，更与世界的和平与发展有很大关系。

如果缺乏水源，经济发展会因此而停滞不前，社会会因此而发生动荡，爆发战争也是非常可能的事情。历史和现实都表明，水确实是保证国家社会稳定的一个重要因素。

二、水环境保护的任务和内容

水环境保护工作，是一个复杂、庞大的系统的工程，其主要任务与内容有：

(1)水环境的监测、调查与试验，以获得水环境分析计算和研究的基础资料。

(2)对排入研究水体的污染源的排污情况进行预测，称污染负荷预测，包括对未来水平年的工业废水、生活污水、流域径流污染负荷的预测。

(3)建立水环境模拟预测数学模型，根据预测的污染负荷，预测不同水平年研究水体可能产生的污染时空变化情况。

(4)水环境质量评价，以全面认识环境污染的历史变化、现状和未来的情况，了解水环境质量的优劣，为环境保护规划与管理提供依据。

(5)进行水环境保护规划，根据最优化原理与方法，提出满足水环境保护目标要求的水污染负荷防治最佳方案。

(6)环境保护的最优化管理，运用现有的各种措施，最大限度地减少污染。

三、水资源保护的内容及流程

（一）水资源保护的内容

水资源保护大体包括四个方面：

1. 饮用水水源地保护

主要是针对面向城市集中供水的大中型饮用水源地开展的相关保护工作。

2. 地表水资源保护

主要是针对江河、湖泊、水库等各类地表水体开展的相关保护工作，是目前水利部门重点开展的工作内容之一。

3. 地下水资源保护

主要是针对浅层、深层地下水开展的相关保护工作，是近年来水利部门正逐步加强的工作领域。

4. 水生态系统保护

主要是针对与水有关的生态环境系统开展的修复与保护工作，是目前水利部门一项新的工作内容。

（二）水资源保护的流程

下面以地表水资源保护为例，简要介绍水资源保护工作的流程：

（1）调查研究区水体的基本情况，包括了解目标水体的概况、特点及其功能，天然来水条件，水资源开发利用现状，存在的水环境问题等。

（2）对各类水体的功能进行区划，并据此拟定各水体的水质目标以及保证能达到该水质目标时应采取的工程措施的设计条件。

（3）对水功能区的污染源进行调查评价，包括了解污染源的空间分布，估算各污染源的排污量大小，识别主要污染源及污染物的类型等。

（4）根据研究区域的经济社会发展目标、经济结构调整、人口增长、科技进步等因素，同时结合当地城市规划方案、排水管网等基础设施建设的情况，预测在规划水平年陆域范围内的污染物排放量，再按照污废水的流向和排污口设置，将进入水体的污染物量分解到各个水功能区，求出可能进入水功能区的污染物入河量。

（5）计算水功能区内各类水体的纳污能力，并将规划水平年进入水功能区的污染物入河量与相应水体的纳污能力进行比较。当水功能区的污染物入河量大于纳污能力时，计算其污染物入河削减量；当污染物入河量小于纳污能力时，计算其污染物入河控制量。根据求出的入河控制量和削减量，进一步提出水功能区所对应的陆域污染源的污染物总量控制方案。

（6）结合污染物总量控制方案，提出更具可操作性的水资源保护工程措施和非工程措施。

第二节　水环境水资源保护措施

一、水环境质量监测与评价

（一）水质监测

水的质量关乎每一个人的身体健康与生活质量。为了确保水的质量安全，要实时地对水质进行监测，定期采样分析有毒物质含量和动态，对水质的动态能够了解并更好地掌控。

1. 监测站系统结构及功能

对于不同的水质监测站，要结合它所处的位置以及周边的环境状况，有针对性地选择合适的通信方式，从而建立水质监测数据通信系统。不同的站点作用各异，如果是位于枢纽位置的站点或者是其他特别重要的站点，可以选用多种通信方式，这样能够更好地保证数据传输的流畅性、可靠性、及时性。

水质监测中心站主要功能包括：对各项参数进行动态监控，实时传输数据；建立实时数据库；一旦水质数据超过限定值，立即报警；实时监测界面；安全管理(人机界面上设置口令，限制没有操作权限的人员登录)。

2. 水质生物监测

为了保护水环境，需要进行水质监测。监测方法有物理方法、化学方法和生物方法。只使用化学监测可测出痕量毒物浓度，但无法测定毒物的毒性强度。污染物种类是非常繁多的，若全部进行监测根本就是不现实的问题，不管是从技术上还是经济上都存在很大的困难。再加上多种污染物共存时会出现各种复杂的反应，以及各种污染物与环境因子间的作用，会使生态毒理效应发生各种变化。这就使理化监测在一定程度上具有局限性。

如果使用同时进行生物监测与理化监测的方法，就可以弥补理化监测的不足。生物监测是系统地根据生物反应而评价环境的质量。在进行水环境生物监测时，第一个问题就是选择要进行重点监测的生物。我国监测部门从最初选择鱼类作为试验生物，到后来慢慢认识到用微型生物或大型无脊椎动物进行监测更为合理，也是进步的一个体现。微型生物群落包括藻类、原生动物、细菌、真菌等。之所以选择微型生物进行水体生物监测，具体原因如下：

(1)就试验而言，微型生物类群是组成水生态系统生物生产力的主要部分。

(2)微型生物容易获得。

(3)可在合成培养基中生存。

(4)可多次重复试验。

(5)世代时间短，短期内可完成数个世代周期。

(6)大多数微型生物在世界上分布很广泛，在不同国家有不同种类，易于对比。

(二)水质评价

1. 水质评价分类

水质评价是环境质量评价的重要组成部分，其内容很广泛，工作目的和研究角度不同，分类的方法不同。

2. 水质评价步骤

水质评价步骤一般包括：提出问题、污染源调查及评价、收集资料与水质监测、参数选择和取值、选择评价标准、确定评价内容和方法、编制评价图表和报告书等。

3. 地表水水质评价

评价地表水水质的过程主要有以下几个环节。

(1)评价标准。一般按照国家的最新规定和地方标准来制定地表水资源的评价标准，国家无标准的水质参数可采用国外标准或经主管部门批准的临时标准，评价区内不同功能的水域应采用不同类别的水质标准，如地表水水质标准、海湾水水质标准、生活饮用水水质标准、渔业用水标准、农业灌溉用水标准等。

(2)评价指标。地表水体质量的评价与所选定的指标有很大关系，在评价时所有指标不可能全部考虑，但若考虑不当，则会影响到评价结论的正确性和可靠性。因此，常常将能正确反映水质的主要污染物作为水质评价指标。评价指标的选择通常遵照以下原则：

①应满足评价目的和评价要求。

②应是污染源调查与评价所确定的主要污染源的主要污染物。

③应是地表水体质量标准所规定的主要指标。

④应考虑评价费用的限额与评价单位可能提供的监测和测试条件。

4. 地下水水质评价

地下水水质调查评价的范围是平原及山丘区浅层地下水和作为大中城市生活饮用水源的深层地下水。地下水水质调查评价的内容是：结合水资源分区，在区域范围内，普遍进行地下水水质现状调查评价，初步查明地下水水质状况及氰化物、硝酸盐、硫酸盐、总硬度等水质指标分布状况。工作内容包括调查收集资料、进行站点布设、水质监测、水质评价、图表整理、编制成果报告等。地表水污染突出的城市要求进行重点调查和评价，分析污染地下水水质的主要来源、污染变化规律和趋势。

(1)调查收集基本资料。需要进行调查收集的内容如下：

①调查了解区域的自然地理、经济社会发展状况。

②调查水文地质、地下水流向、地下水观测井分布、地下水埋深和地下水开发利用情况，以图表形式进行整理并附以文字分析。

③调查区域内地面污染源分布情况，查清污废水量及主要污染物排放量。

④调查了解城市污灌区的分布、面积、污水量及污染物等。

⑤调查由地下水开发利用引起的地面沉降、地面塌陷、海水入侵、泉水断流、土壤盐碱化、地方病等环境生态问题，要调查其发生时间、地点、区域范围及经济损失、已采取的防治措施等。

(2)水质评价。

①水化学类型分类。按照阿列金分类法，对各测点地下水类型进行分类，编制区域地下水化学类型分布图，如 pH 值、总硬度、矿化度、氯化物、硫酸根、硝酸盐及氟化物离子分布图。

②水质功能评价及一般统计。根据地下水资源的用途选择合适的评价标准，以单项指标地图叠加法对照进行单站丰、平、枯三期水质指标评价，并统计超标率、检出率。

二、我国常用的一些水环境标准

(一)地表水环境质量标准

为贯彻《中华人民共和国环境保护法》和《中华人民共和国水污染防治法》，防治水污染，保护地表水水质，保障人体健康，维护良好的生态系统，制定本标准。本标准适用于中华人民共和国领域内江河、湖泊、运河、渠道、水库等具有使用功能的地表水水域。具有特定功能的水域，执行相应的专业用水水质标准。

依据地表水水域环境功能和保护目标，按功能高低依次划分为五类(表 7-1)。对应地表水的这五类水域功能，将地表水环境质量标准基本项目标准值分为五类，不同功能类别分别执行相应类别的标准值。水域功能类别高的标准值严于水域功能类别低的标准值。同一水域兼有多类使用功能的，执行最高功能类别对应的标准值。

表 7-1　地表水水域环境功能和保护目标

Ⅰ类	主要适用于源头水、国家自然保护区
Ⅱ类	主要适用于集中式生活饮用水地表水源地一级保护区、珍稀水生生物栖息地、鱼虾类产卵场、仔稚幼鱼的索饵场等
Ⅲ类	主要适用于集中式生活饮用水地表水源地二级保护区、鱼虾类越冬场、洄游通道、水产养殖区等渔业水域及游泳区
Ⅳ类	主要适用于一般工业用水区及人体非直接接触的娱乐用水区
Ⅴ类	主要适用于农业用水区及一般景观要求水域

(二)地下水质量标准

该标准规定了地下水质量分类、指标及限值，地下水质量调查与监测，地下水质量评价等内容。该标准适用于地下水质量调查、监测、评价与管理。

依据我国地下水质量状况和人体健康风险，参照生活饮用水、工业、农业用水质量要求，依据各组分含量高低(pH 值除外)，将地下水质量划分为五类(表 7-2)。

表 7-2　地下水质量的分类

Ⅰ类	地下水化学组分含量低，适用于各种用途
Ⅱ类	地下水化学组分含量较低，适用于各种用途
Ⅲ类	地下水化学组分含量中等，以 GB 5749—2006 为依据，主要适用于集中式生活饮用水水源及工业、农业用水
Ⅳ类	地下水化学组分含量较高，以农业用水和工业用水质量要求以及一定水平的人体健康风险为依据，适用于农业和部分工业用水，适当处理后可用作生活饮用水
Ⅴ类	地下水化学组分含量高，不宜作为生活饮用水水源，其他用水可根据使用目的选用

三、水环境水资源保护措施

水资源保护是一项十分重要、十分迫切，也是十分复杂的工作。一般来讲，水资源保护措施分为工程措施和非工程措施两大类。

（一）工程措施

水资源保护可采取的工程措施包括水利工程、农林工程、市政工程、生物工程等措施。生物工程措施的主要特点就是成本低，效益好，有利于建立合理的水生生态循环系统。例如，修建人工湿地、生态塘系统等。

规划布设流域综合治理措施，需要考虑水土保持工程措施与林草措施、农业耕作措施之间的联系，合理配置。使工程措施与林草措施相结合，坡沟兼治，上下游治理相配合。

（二）非工程措施

1. 加强水质监测、监督、预测及评价工作

加强水质监测和监督工作不应是静态的，而应是动态的。一旦出现异常，应立即报警，并采取有效的措施进行及时调整，控制污染势态的发展。

2. 做好饮用水源地的保护工作

饮用水源地保护是城市环境综合整治规划的首要目标，是城市经济发展的制约条件。做好饮用水源地的保护工作是指要同时做好地表饮用水源地和地下饮用水源地的保护工作。

必须限期制定饮用水源地保护长远规划。规划中要协调环境与经济的关系，切实做到饮用水源地的合理布局，建立健全城市供水水源防护措施，以逐步改善饮用水源的水质状况。

3. 积极实施污染物排放总量控制，逐步推行排污许可制度

污染物总量控制是水资源保护的重要手段。长期以来，我国工业废水的排放实施浓度控制的方法。浓度控制尽管对减少工业污染物的排放起到了一定的积极作用，但也出现了某些工厂采用清水稀释废水以降低污染物浓度的不正当做法。这样做并不会达到预期的效果，污染物的排放总量没有得到有效的控制，反而浪费了大量清洁的水资源。对污染物的排放总量进行控制，实际上就是对其浓度与数量进行双方面的控制。

此外，对排污企业实行排污许可制度，也是加强水资源保护的一项有效管理措施。凡是对环境有影响、排放污染物的生产活动，均需由当地经营者向环境保护部门申请，经批准领取排污许可证后方可进行。

4. 产业结构调整

目前，我国工业生产正处于关键的发展阶段，应积极遵循可持续发展原则，完成产业

结构的优化调整，使其与水资源开发利用和保护相协调。不应再发展能耗大、用水多、排污量大的工业。同时，还应加强对工业企业的技术改造，积极推广清洁生产。发展清洁生产与绿色产业是近年来国内外经济社会可持续发展与环境保护的一个热点。在水资源保护中应鼓励清洁生产在我国的实施。

5. 水资源保护法律法规建设

水资源保护工作必须有完善的法律、法规与之配套，才能使具体保护工作得以实施。水资源保护的法律、法规措施应从以下几个方面考虑：

(1)加强水资源保护政策法规的建设。

(2)建立和完善水资源保护管理体制和运行机制。

(3)运用经济杠杆的调节作用。

(4)依法行政，建立水资源保护的法规体系和执法体系，并进行统一监督与管理。

四、水环境修复

(一)湖泊生态系统的修复

1. 湖泊生态系统修复的生态调控措施

治理湖泊的方法有物理方法如机械过滤、疏浚底泥和引水稀释等；化学方法如杀藻剂杀藻等；生物方法如放养鱼等；物化法如木炭吸附藻毒素等。各类方法的主要目的是降低湖泊内的营养负荷，控制过量藻类的生长，均取得了一定的成效。

(1)物理、化学措施。在控制湖泊营养负荷实践中，研究者已经发明了许多方法来降低内部磷负荷，例如，通过水体的有效循环，不断干扰温跃层，该不稳定性可加快水体与DO(溶解氧)、溶解物等的混合，有利于水质的修复；削减浅水湖的沉积物，采用铝盐及铁盐离子对分层湖泊沉积物进行化学处理，向深水湖底层充入氧或氮。

(2)水流调控措施。湖泊具有水“平衡”现象。它影响着湖泊的营养供给、水体滞留时间及由此产生的湖泊生产力和水质。若水体滞留时间很短，如在10d以内，藻类生物量不可能积累；水体滞留时间适当时，既能大量提供植物生长所需的营养物，又有足够时间供藻类吸收营养促进其生长和积累；如有足够的营养物和100d以上到几年的水体滞留时间，可为藻类生物量的积累提供足够的条件。因此，营养物输入与水体滞留时间对藻类生产的共同影响，成为预测湖泊状况变化的基础。

为控制浮游植物的增加，使水体内浮游植物的损失超过其生长，除对水体滞留时间进行控制或换水外，增加水体冲刷以及其他不稳定因素也能实现这一目的。由于在夏季浮游植物生长不超过3~5d，因此这种方法在夏季不宜采用。但是，在冬季浮游植物生长慢的时候，冲刷等流速控制方法可能是一种更实用的修复措施，尤其对于冬季藻青菌的浓度相对较高的湖泊十分有效。冬季冲刷之后，藻类数量大量减少，次年早春湖泊中大型植物就可成为优势种属。这一措施已经在荷兰一些湖泊生态系统修复中得到广泛应用，且取得了较好的效果。

(3)水位调控措施。水位调控已经被作为一类广泛应用的湖泊生态系统修复措施。这种方法能够促进鱼类活动，改善水鸟的生境，改善水质。但由于娱乐、自然保护或农业等因素，有时对湖泊进行水位调节或换水不太现实。

由于自然和人为因素引起的水位变化，会涉及多种因素，如湖水浑浊度、水位变化程度、波浪的影响(风速、沉积物类型和湖的大小)和植物类型等，这些因素的综合作用往往难以预测。一些理论研究和经验数据表明，水深和沉水植物的生长存在一定关系。如果水过深，植物生长会受到光线限制；反之，如果水过浅，频繁的再悬浮和较差的底层条件，会使得沉积物稳定性下降。

通过影响鱼类的聚集，水位调控也会对湖水产生间接的影响。在一些水库中，有人发现改变水位可以减少食草鱼类的聚集，进而改善水质。而且，短期的水位下降可以促进鱼类活动，减少食草鱼类和底栖鱼类数量，增加食肉性鱼类的生物量和种群大小。这可能是因为低水位生境使受精鱼卵干涸而令其无法孵化，或者增加了被捕食的危险。

此外，水位调控还可以控制损害性植物的生长，为营养丰富的浑浊湖泊向清水状态转变创造有利条件。浮游动物对浮游植物的取食量由于水位下降被增加，改善了水体透明度，为沉水植物生长提供了良好的条件。这种现象常常发生在富含营养底泥的重建性湖泊中。该类湖泊营养物浓度虽然很高，但由于含有大量的大型沉水植物，在修复后一年之内很清澈，然而几年过后，便会重新回到浑浊状态，同时伴随着食草性鱼类的迁徙进入。

(4)大型水生植物的保护和移植。由于藻类和水生高等植物同处于初级生产者的地位，二者相互竞争营养、光照和生长空间等生态资源，所以水生植物的组建及修复对于富营养化水体的生态修复具有极其重要的地位和作用。

围栏结构可以保护大型植物免遭水鸟的取食，这种方法可以作为鱼类管理的一种替代或补充方法。围栏能提供一个不被取食的环境，大型植物可在其中自由生长和繁衍。此外，白天它们还能为浮游动物提供庇护。这种植物庇护作为一种修复手段是非常有用的，特别是在小湖泊和由于近岸地带扩展受到限制或中心区光线受到限制的湖泊更加明显，这是因为水鸟会在可以提供巢穴的海岸区聚集。在营养丰富的湖泊中，植物作为庇护场所所起的作用最大，因为在这样的湖泊中大型植物的密度是最高的。另外，植物或种子的移植也是一种可选的方法。

(5)生物操纵与鱼类管理。生物操纵即通过去除浮游生物捕食者或添加食鱼动物，降低以浮游生物为食的鱼类数量，使浮游动物的体型增大，生物量增加，从而提高浮游动物对浮游植物的摄食效率，降低浮游植物的数量。生物操纵可以通过许多不同的方式来克服生物的限制，进而加强对浮游植物的控制，利用底栖食草性鱼类减少沉积物再悬浮和内部营养负荷。

引人注目的是，在富营养化湖中，鱼类数目减少后，通常会引发一连串的短期效应。浮游植物生物量的减少改善了透明度。小型浮游动物遭鱼类频繁捕食，使叶绿素/TP 的比率常常很高，鱼类管理导致营养水平降低。

成功在浅的分层富营养化湖泊中进行的实验中，总磷浓度大多下降 30%～50%，水底微型藻类的生长通过改善沉积物表面的光照条件，刺激了无机氮和磷的混合。由于捕食率高(特别是在深水湖中)，水底藻类浮游植物不会沉积太多，低的捕食压力下，更多的水底动物最终会导致沉积物表面更高的氧化还原作用，这减少了磷的释放，进一步刺激加快了硝化脱氮作用。此外，底层无脊椎动物和藻类可以稳定沉积物，因此减少了沉积物再悬浮的概率。更低的鱼类密度减轻了鱼类对营养物浓度的影响。而且，营养物随着鱼类的运动而移动，随着鱼类而移动的磷含量超过了一些湖泊的平均含量，相当于 20%～30% 的平均外部磷负荷，这相比于富营养湖泊中的内部负荷还是很低的。

最近的发现表明，如果浅的温带湖泊中磷的浓度减少到 0.05～0.1mg/L 以下并且超过 6～8m 水深时，鱼类管理将会产生重要的影响，其关键是使生物的结构发生改变。通常生物结构在这个范围内会发生变化。然而，如果氮负荷比较低，总磷的消耗会由于鱼类管理而发生变化。

(6)适当控制大型沉水植物的生长。虽然大型沉水植物的重建是许多湖泊生态系统修复工程的目标，但密集植物床在营养化湖泊中出现时也有危害性，如降低垂钓等娱乐价值、妨碍船的航行等。此外，生态系统的组成会由于入侵种的过度生长而发生改变，如欧亚孤尾藻在美国和非洲的许多湖泊中已对本地植物构成严重威胁。对付这些危害性植物的方法包括特定食草昆虫，如象鼻虫和食草鲤科鱼类的引入、每年收割、沉积物覆盖、下调水位或用农药进行处理等。

通常，收割和水位下降只能起到短期的作用，因为这些植物群落的生长很快，而且外部负荷高。引入食草鲤科鱼的作用很明显，因此目前世界上此方法应用最广泛，但该类鱼过度取食又可能使湖泊由清澈转为浑浊状态。另外，鲤鱼不好捕捉，这种方法也应该谨慎采用。实际过程中很难摸索到大型沉水植物的理想密度以促进群落的多样性。

大型植物蔓延的湖泊中，经常通过挖泥机或收割的方式来实现植物数量的削减。这可以提高湖泊的娱乐价值，提高生物多样性，并对肉食性鱼类有好处。

(7)蚌类与湖泊的修复。蚌类是湖泊中有效的滤食者。大型蚌类有时能够在短期内将整个湖泊的水过滤一次。但在浑浊的湖泊中很难见到它们的身影，这可能是由于它们在幼体阶段即被捕食的缘故。这些物种的再引入对于湖泊生态系统修复来说切实有效，但目前为止没有得到重视。

2. 陆地湖泊生态修复的方法

湖泊生态修复的方法，总体而言可以分为外源性营养物质的控制措施和内源性营养物质的控制措施两大部分。内源性方法又分为物理法、化学法、生物法等。

(1)外源性方法。

①截断外来污染物的排入。由于湖泊污染、富营养化基本上来自外来物质的输入。因此要采取如下几个方面进行截污。首先，对湖泊进行生态修复的重要环节是实现流域内废、污水的集中处理，使之达标排放，从根本上截断湖泊污染物的输入。其次，对湖区来水区域进行生态保护，尤其是植被覆盖低的地区，要加强植树种草，扩大植被覆盖率。目的是对湖泊产水区的污染物削减净化，从而减少来水污染负荷。因为，相对于点源污染较容易实现截断控制，面源污染量大，分布广，尤其主要分布在农村地区或山区，控制难度较大。最后，应加强监管，严格控制湖滨带度假村、餐饮的数量与规模，并监管其废污水的排放。对游客产生的垃圾要及时处理，尤其要采取措施防治隐蔽处垃圾的产生。规范渔业养殖及捕捞，退耕还湖，保护周边生态环境。

②恢复和重建湖滨带湿地生态系统。湖滨带湿地是水陆生态系统间的一个过渡和缓冲地带，具有保持生物多样性，调节相邻生态系统稳定，净化水体，减少污染等功能。建立湖滨带湿地，恢复和重建湖滨水生植物，利用其截留、沉淀、吸附和吸收作用，净化水质，控制污染物。同时能够营造人水和谐的亲水空间，也为两栖水生动物修复其生长存活空间及环境。

(2)物理法。

①引水稀释。通过引用清洁外源水，对湖水进行稀释和冲刷。这一措施可以有效降低湖内污染物的浓度，提高水体的自净能力。这种方法只适用于可用水资源丰富的地区。

②底泥疏浚。多年的自然沉积，湖泊的底部积聚了大量的淤泥。这些淤泥中富含营养物质及其他污染物质，如重金属，能为水生生物生长提供物质来源，同时通过底泥污染物

释放也会加速湖泊的富营养化进程，甚至引起水华的发生。因此，疏浚底泥是一种减少湖泊内营养物质来源的方法。但施工中必须注意防止底泥的泛起，对移出的底泥也要进行合理安置处理，避免二次污染的发生。

③底泥覆盖。目的与底泥疏浚相同，即减少底泥中的营养盐对湖泊的影响。但这一方法不是将底泥完全挖出，而是在底泥层的表面铺设一层渗透性小的物质，如生物膜或卵石，可以有效减少水流扰动引起底泥翻滚的现象，抑制底泥营养盐的释放，提高湖水清澈度，促进沉水植被的生长。但需要注意的是，铺设透水性太差的材料，会严重影响湖泊固有的生态环境。

④其他物理方法。除了以上三种较成熟、简便的措施外，还有一些其他新技术投入应用，如水力调度技术、气体抽提技术和空气吹脱技术。水力调度技术是根据生物体的生态水力特性，人为营造出特定的水流环境和水生生物所需的环境，来抑制藻类大量繁殖等。气体抽取技术是利用真空泵和井，抽取受污染区的有机物蒸气，或将污染物转变为气相再从湖中抽取，收集处理。空气吹脱技术是将压缩空气注入受污染区域，将污染物从附着物上驱除。结合提取技术可以得到较好效果。

(3)化学方法。化学方法是针对湖泊中的污染特征，投放相应的化学药剂，应用化学反应除去污染物质、净化水质的方法。对于磷元素超标，可以通过投放硫酸铝[$Al_2(SO_4)_3\cdot 18H_2O$]，去除磷元素。对于湖水酸化，可以通过投放石灰来进行处理。对于重金属元素，常常投放石灰、灰烬和硫化钠等。通过投放氧化剂，将有机物转化为无毒或者毒性较小的化合物，常用的有二氧化氯、次氯酸钠或者次氯酸钙、过氧化氢、高锰酸钾和臭氧。但需要注意的是，化学方法处理虽然操作简单，但费用较高，而且往往容易造成二次污染。

(4)生物方法。生物方法也称生物强化法，主要是依靠湖水中的生物，增强湖水的自净能力，从而达到恢复整个生态系统的方法。

①深水曝气技术。当湖泊出现富营养化现象时，往往水体溶解氧大幅降低，底层甚至出现厌氧状态。深水曝气便是通过机械方法将深层水抽取上来进行曝气，之后回灌，或者注入纯氧和空气，使得水中的溶解氧增加，改厌氧环境为好氧条件，使得藻类数量减少，水华程度明显减轻。

②水生植物修复。水生植物是湖泊中主要的初级生产者之一，往往是决定湖泊生态系统稳定的关键因素。水生植物生长过程中能将水体中的富营养化物质如氮、磷元素吸收固定，既满足生长需要，又能净化水体。但修复湖泊水生植物是一项复杂的系统工程，需要考虑整个湖泊现有水质、水温等因素，确定适宜的植物种类，采用适当的技术方法，逐步进行恢复。

具体的技术方法有：

人工湿地技术。通过人工设计建造湿地系统，适时适量收割植被，将营养物质移出湖泊系统，从而达到修复整个生态系统的目的。

生态浮床技术。采用无土栽培技术，以高分子材料(如发泡聚苯乙烯)为载体和基质，综合集成的水面无土种植植物技术。既可种植经济作物，又能利用废弃塑料，同时不受光照等条件限制，应用效果明显。这一技术与人工湿地的最大优势就在于不占用土地。

前置库技术。前置库是位于受保护的湖泊水体上游支流的天然或人工库(塘)。前置库中不仅可以拦截暴雨径流，同时也具有吸收、拦截部分污染物质、富营养物质的功能。在前置库中种植合适的水生植被能有效地达到这一目标。这一技术与人工湿地类似，但位置更靠前，处于湖泊水体主体之外。对水生植物修复方法而言，能较为有效地恢复水质，而且投入较低，实施方便，但由于水生植物有一定的生命周期，应该及时予以收割处理，减少因自然凋零腐烂而引起的二次污染。同时选择植物种类时也要充分考虑湖泊自身生态系统中的品种，避免因引入植物不当而引起入侵现象。

③水生动物修复。主要利用湖泊生态系统中的食物链关系，通过调节水体中生物群落结构的方法来控制水质。主要是调整鱼群结构，针对不同的湖泊水质问题类型，在湖泊中投放、发展某种鱼类，抑制或消除另外一些鱼类，使整个食物网适合于鱼类自身对藻类的捕食和消耗，从而改善湖泊环境。比如，通过投放肉食性鱼类控制浮游生物食性鱼类或底栖生物食性鱼类，从而控制浮游植物的大量发生；投放植食(滤食)性鱼类，影响浮游植物，控制藻类过度生长。水生动物修复方法，成本低廉，无二次污染，同时可以收获水产品，在较小的湖泊生态系统中应用效果较好。但对大型湖泊，由于其食物链、食物网关系复杂，需要考虑的因素较多，应用难度相应增加。同时也需要考虑生物入侵问题。

④生物膜技术。这一技术指根据天然河床上附着生物膜的过滤和净化作用，应用表面积较大的天然材料或人工介质为载体，利用其表面形成的黏液状生态膜，对污染水体进行净化。由于载体上富集了大量的微生物，能有效拦截、吸附、降解污染物质。

3. 城市湖泊的生态修复方法

北方湖泊要进行生态修复，首先要进行城市湖泊生态面积的计算及最适生态需水量的计算，然后进行最适面积的城市湖泊建设，每年保证最适生态需水量的供给，同时进行与南方城市湖泊同样的生态修复方法。南、北城市湖泊生态修复相同的方法如下。

(1)清淤疏浚与曝气有氧生物修复相结合。造成现代城市湖泊富营养化的主要原因是N、P等元素过量的排放，其中N元素在水体中可以被重吸收进行再循环，而P元素却只能沉积于湖泊的底泥中。因此，单纯的截污和净化水质是不够的，要进行清淤疏浚。对湖泊底泥污染的处理，首先应是以曝气和引入耗氧微生物相结合的方法进行处理，再进行清淤疏浚。

(2)种植水生生物。在疏浚区的岸边种植挺水植物和浮叶植物，在游船活动的区域培养和种植不同种类的沉水植物。根据水位的变化及水深情况，选择乡土植物形成湿生—水生植物群落带。所选野生植物包括黄菖蒲、水葱、萱草、荷花、睡莲、野菱等。植物生长能促进悬浮物的沉降，增加水体的透明度，吸收水和底泥中的营养物质，改善水质，增加生物多样性，并形成良好的景观效果。

(3)放养滤食性的鱼类和底栖生物。放养鲢鱼、鳙鱼等滤食性鱼类和水蚯蚓、羽苔虫、田螺、圆蚌、湖蚌等底栖动物，依靠这些动物的过滤作用，可以减轻悬浮物的污染，增加水体的透明度。

(4)彻底切断外源污染。外源污染指来自湖泊以外区域的污染，包括城市各种工业污染、生活污染、家禽养殖场及畜禽养殖场的污染。要做到彻底切断外源污染，一要关闭以前所有通往湖泊的排污口；二要运转原有污水污染物处理厂；三要增建新的处理厂，进行合理布局，保证所有处理厂的处理量等于甚至略大于城市的污染产生量，保证每个处理厂正常运转，并达标排放。污水污染物处理厂包括工业污染处理厂、生活污染处理厂及生活污水处理厂。工业污染物要在工业污染处理厂进行处理。生活固态污染物要在生活污染处理厂进行处理，生活污水、家禽养殖场及畜禽养殖场的污废水引入生活污水处理厂进行处理。

(5)进行水道改造工程。有些城市湖泊为死水湖，容易滞水而形成污染。要进行湖泊的水道连通工程，让死水湖变为活水湖，保持水分的流动性，消除污水的滞留以达到稀释、扩散从而得以净化。

(6)实施城市雨污分流工程及雨水调蓄工程。城市雨污分流工程主要是将城市降水与生活污水分开。雨水调蓄工程是在城市建地下初降雨水调蓄池，贮藏初降雨水。初降雨水既带来了大气中的污染物，也带来了地表面的污染物，完全是非点源污染的携带者，不经处理，长期积累，将造成湖泊的泥沙沉积及污染。建初降雨水调蓄池，在降雨初期暂存高污染的初降雨水，然后在降雨后引入污水处理厂进行处理，这样可以防止初降雨水带去的非点源污染对湖泊的影响。实施城市雨污分流工程，把城市雨水与生活污水分离开，将后期基本无污染的降水直接排入天然水体，从而减轻污水处理厂的负担。

(7)加强城市绿化带的建设。城市绿化带美化城市景观的作用不仅仅表现为吸收二氧化碳，制造氧气，防风防沙，保持水土，减缓城市“热岛”效应，调节气候。它还有其他很重要的生态修复作用：滞尘、截尘、吸尘，而且通过物理、化学、生物作用实现吸污降污。具有革质叶、叶脉多、表面粗糙不平、能分泌黏液的植物，滞尘、截尘作用强。城市绿化带的建设，包括河滨绿化带、道路绿化带、湖泊外缘绿化带等的建设。建设城市绿化带，植被种类建议种植乡土种，种类越多样越好，这样不容易出现生物入侵现象，互补性强，自组织性强、自我调节自我恢复力高，稳定性高，容易达到生态平衡。

(8)打捞悬浮物。设置打捞船只，及时进行树叶、废纸等杂物的清理，保持水面的干净。

(二)湿地的生态修复

1. 湿地生态修复的方法

所有的湿地都曾经存在过短暂的丰水期，但各个湿地在用水机制方面仍存在很大的自然差异。在多数情况下，诸如湿地及周围环境的排水、地下水过度开采等人类活动对湿地水环境具有很大的影响。一般认为许多湿地在实际情况下往往要比理想状态易缺水干枯，因此对湿地采取补水增湿的措施很有必要。但实践结果发现，这种推测未必成立。原因在于目前湿地水位的历史资料仍然不完备，而且部分干枯湿地是由自然界干旱引起的。有资料还表明，适当的湿地排水不但不会破坏湿地环境，反而会增加湿地物种的丰富度。

但一般对曾失水过度的湿地来讲，湿地生态修复的前提条件是修复其高水位。但想完全修复原有湿地环境，单单对湿地进行补水是不够的，因为在湿地退化过程中，湿地生态系统的土壤结构和营养水平均已发生变化，如酸化作用和氮的矿化作用是排水的必然后果。而特别是在补水初期，增湿补水伴随着氮、磷的释放，因此，湿地补水必须要解决营养物质的积累问题。此外，钾缺乏也是排水后的泥炭地土壤的特征之一，这将是限制或影响湿地成功修复的重要因素。

可见，进行补水对于湿地生态修复来说仅仅是一个前奏，还需要进行很多的后续工作。而且，由于缺乏湿地水位的历史资料，人们往往很难准确估计补充水量的多少。一般而言，补水的多少应通过目标物种或群落的需水方式来确定，水位的极大值、极小值、平均最大值、平均最小值、平均值以及水位变化的频率与周期，都可以影响湿地生态系统的结构与功能。

湿地补水首先要明确湿地水量减少的原因。修复湿地的水量也可通过挖掘降低湿地表面以补偿降低的水位、通过利用替代水源等方式进行。在多数情况下，技术上不会对补水增湿产生限制，而困难主要集中在资源需求、土地竞争和政治因素等方面。在此讨论的湿地补水措施包括减少湿地排水、直接输水和重建湿地系统的供水机制。

(1)减少湿地排水。目前减少湿地排水的方法主要有两种：一种是在湿地内挖掘土壤形成鸿湖(堤岸)以蓄积水源；另一种方法是在湿地生态系统的边缘构建木材或金属围堰以阻止水源流失，这种方法是一种最简单和普遍应用的湿地保水措施，但是当近地表土壤的物理性质被改变后，单凭堵塞沟壑并不能有效地给湿地进行补水，必须辅以其他的方法。

填堵排水沟壑的目的是减少湿地的横向排水，但在某些情况下，沟壑对湿地的垂直向水流也有一定作用。堵塞排水沟时可以通过构设围堰减少排水沟中的水流，在整个沟壑中铺设低渗透性材料可减少垂直向的排水。

在由高水位形成的湿地中，构建围堰是很有效的。除了减少排水，围堰的水位还比湿地原始状态更高。但高水位也潜藏着隐患：营养物质在沟壑水中的含量高时，会渗透到相连的湿地中，对湿地中的植物直接造成负面影响。对于由地下水上升而形成的湿地，构建围堰需进行认真评价。因为横向水流是此类湿地形成的主要原因，围堰可能造成淤塞，非自然性的低潜能氧化还原作用可能会增加植物毒素的作用。

湿地供水减少而产生干旱缺水这一问题可通过围堰进行缓解。但对于其他原因引起的缺水，构建围堰并不一定适宜，因为它改变了自然的水供给机制，有时需要工作人员在这种次优的补水方式和不采取补水方式之间进行抉择。

(2)直接输水。对于由于缺少水供给而干涸的湿地，在初期采用直接输水来进行湿地修复效果明显。人们可以铺设专门的给水管道，也可利用现有的河渠作为输水管道进行湿地直接输水。供给湿地的水源除了从其他流域调集外，还可以利用雨水进行水源补给。雨水补水难免会存在一定的局限性，特别是在干燥的气候条件下；但不得不承认雨水输水确实具有可行性，如可划定泥炭地的部分区域作为季节性的供水蓄水池(Water Supply Reservoir)，充当湿地其他部分的储备水源。在地形条件允许的情况下，雨水输水可以通过引力作用进行排水(包括通过梯田式的阶梯形补水、排水管网或泵)。

(3)重建湿地系统的供水机制。湿地生态系统的供水机制改变而引起湿地的水量减少时，重建供水机制也是一种修复的方法。但是，由于大流域的水文过程影响着湿地，修复原始的供水机制需要对湿地和流域都加以控制，这种方法缺少普遍可行性。单一问题引起的供水减少更适合应用修复供水机制的方法(如取水点造成的水量减少)，这种方法虽然简单但很昂贵，并且想保证湿地生态系统的完全修复，仅通过修复原来的水供给机制不够全面。

2. 陆地湿地恢复的技术方法

(1)湿地生境恢复技术。这一类技术指通过采取各类技术措施，提高生境的异质性和稳定性，包括湿地基底恢复、湿地水状态恢复和湿地土壤恢复。

①湿地基底恢复。通过运用工程措施，维持基底的稳定，保障湿地面积，同时对湿地地形、地貌进行改造。具体技术包括湿地及上游水土流失控制技术和湿地基底改造技术等。

②湿地水状态恢复。此部分包括湿地水文条件的恢复和湿地水质的改善。水文条件的恢复可以通过修建引水渠、筑坝等水利工程来实现。前者为增加来水，后者为减少湿地排水。通过这两个方面来对湿地进行补水保水。湿地最重要的一个因素便是水，水也往往是湿地生态系统最敏感的一个因素。对于缺少水供给而干涸的湿地，可以通过直接输水来进行初期的湿地修复。之后可以通过工程措施来对湿地水文过程进行科学调度。对于湿地水质的改善，可以应用污水处理技术、水体富营养化控制技术等来进行。污水处理技术主要针对湿地上游来水过程，目的是减少污染物质的排入。而水体富营养化控制技术，往往针对湿地水体本身。这一技术又能分为物理、化学及生物等方法。

③湿地土壤恢复。这部分包括土壤污染控制技术、土壤肥力恢复技术等。

(2)湿地生物恢复技术。这一部分技术方法，主要包括物种选育和培植技术、物种引入技术、物种保护技术、种群动态调控技术、种群行为控制技术、群落结构优化配置与组建技术、群落演替控制与恢复技术等。对于湿地生物恢复，最佳的选择便是利用湿地自身种源进行天然植被恢复，这样可以避免因为引用外来物种而发生的生物入侵现象。天然种源恢复包括湿地种子库和孢子库、种子传播和植物繁殖体三类。

湿地种子库指排水不良的土壤是一个丰富的种子库，与现存植被有很大的相似性。但湿地植被形成的种子库的能力有很大不同，所以其重要性对于不同湿地类型也不尽相同。一般来说，丰水枯水周期变化明显的湿地系统中含有大量的一年生植物种子库。人们可以利用这些种子来进行恢复。但一些持续保持高水位的湿地中，种子库就相对缺乏。

对于不能形成种子库的湿地植物，其恢复关键取决于这类植物的外来种子在湿地内的传播。这便是种子传播。

植物繁殖体指湿地植物的某一部分有时也可以传播，然后生长，如一些苔藓植物等，可以通过风力传播，重新生长。对于通过外来引种进行植物恢复，可以有播种、移植、看护植物等方式。

(3)湿地生态系统结构与功能恢复技术。主要包括生态系统总体设计技术、生态系统构建与集成技术等。这一部分是湿地生态恢复研究中的重点及难点。对不同类型的退化湿地生态系统，要采用不同的恢复技术。

3. 滨海湿地生态修复方法

选择在典型海洋生态系统集中分布区、外来物种入侵区、重金属污染严重区、气候变化影响敏感区等区域开展一批典型海洋生态修复工程，建立海洋生态建设示范区，因地制宜采取适当的人工措施，结合生态系统的自我恢复能力，在较短的时间内实现生态系统服务功能的初步恢复。制定海洋生态修复的总体规划、技术标准和评价体系，合理设计修复过程中的人为引导，规范各类生态系统修复活动的选址原则、自然条件评估方法、修复涉及相关技术及其适应性、对修复活动的监测与绩效评估技术等。开展以下一系列生态修复措施：滨海湿地退养还滩、植被恢复和改善水文，大型海藻底播增殖，海草床保护养护和人工种植恢复，实施海岸防护屏障建设，逐步构建我国海岸防护的立体屏障，恢复近岸海域对污染物的消减能力和生物多样性的维护能力，建设各类海洋生态屏障和生态廊道，提高防御海洋灾害以及应对气候变化的能力，增加蓝色碳汇区。通过滨海湿地种植芦苇等盐沼植被和在近岸水体中以大型海藻种植吸附治理重金属污染。通过航道疏浚物堆积建立人工滨海湿地或人工岛，将疏浚泥转化为再生资源。

(1)微生物修复。有机污染物质的降解转化实际上是由微生物细胞内一系列活性酶催化进行的氧化、还原、水解和异构化等过程。目前，滨海湿地主要受到石油烃为主的有机污染。在自然条件下，滨海湿地污染物可以在微生物的参与下自然降解。湿地中虽然存在着大量可以分解污染物的微生物，但由于这些微生物密度较低，降解速度极为缓慢。特别是有些污染物质由于缺乏自然湿地微生物代谢所必需的营养元素，微生物的生长代谢受到影响，从而也会影响到污染物质的降解速度。

湿地微生物修复成功与否主要与降解微生物群落在环境中的数量及生长繁殖速率有关，因此当污染湿地环境中很少或甚至没有降解菌存在时，引入一定数量合适的降解菌株是非常必要的，这样可以大大缩短污染物的降解时间。而微生物修复中引入具有降解能力菌种的成功与否，与菌株在环境中的适应性及竞争力有关。环境中污染物的微生物修复过程完成后，这些菌株大都会由于缺乏足够的营养和能量来源最终在环境中消亡，但少数情况下接种的菌株可能会长期存在于环境中。因此，在应用生物修复技术引入菌种之前，应事先做好风险评价研究。

(2)大型藻类移植修复。大型藻类不仅能有效降低氮、磷等营养物质的浓度，而且通过光合作用，还能提高海域初级生产力；同时，大型海藻的存在为众多的海洋生物提供了生活的附着基质、食物和生活空间；大型藻类的存在对于赤潮生物还起到了抑制作用。因此，大型海藻对于海域生态环境的稳定具有重要作用。

许多海区本来有大型海藻生存，但由于生境丧失（如由于污染和富营养化导致的透明度降低，使海底生活的大型藻类得不到足够的光线而消失，以及海底物理结构的改变等）、过度开发等原因而从环境中消失，结果使这些海域的生态环境更加恶化。由于大型藻类具有诸多生态功能，特别是大型藻类栽培后易于从环境中移植。因此在海洋环境退化海区，特别是富营养化海水养殖区移植栽培大型海藻，是一种对退化的海洋环境进行原位修复的有效手段。目前，世界许多国家和地区都开展了大型藻类移植来修复退化的海洋生态环境。用于移植的大型藻类有海带、紫菜、巨藻、石莼等。大型藻类移植具有显著的环境效益、生态效益和经济效益。

在进行退化海域大型藻类生物修复过程中，首选的是土著大型藻类。有些海域本来就有大型藻类分布，由于种种原因导致其大量减少或消失。在这些海域应该在进行生境修复的基础上，扶持幸存的大型藻类，使其尽快恢复正常的分布和生活状态，促进环境的修复。对于已经消失的土著大型藻类，宜从就近海域规模引入同种大型藻类，有利于尽快在退化海域重建大型藻类生态环境。在原先没有大型藻类分布的海域，也可能原先该海域本身就不适合某些大型藻类生存，因此应在充分调查了解该海域生态环境状况和生态评估的基础上，引入一些适合于该海域水质和底质特点的大型藻类，使其迅速增殖，形成海藻场，促进退化海洋生态环境的恢复。也可以在这些海区通过控制污染，改良水质、建造人工藻礁，创造适合于大型藻类生存的环境，然后移植合适的大型藻类。

在进行大型藻类移植过程中，大型海藻可以以人工方式采集其孢子令其附着于基质上，将这种附着有大型藻类孢子的基质投放于海底让其萌发、生长，或人为移栽野生海藻种苗，促使各种大型海藻在退化海域大量繁殖生长，形成茂密海藻群落，形成大型的海藻场。

(3)底栖动物移植修复。由于底栖动物中有许多种类以从水层中沉降下来的有机碳屑为食物，有些可以过滤水中的有机碎屑和浮游生物为食，同时许多底栖生物还是其他大型动物的饵料。特别是在许多湿地、浅海以及河口区分布的贻贝床、牡蛎礁具有的重要生态功能。因此底栖动物在净化水体、提供栖息生境、保护生物多样性和耦合生态系统能量流动等方面均具有重要的功能，对控制滨海水体的富营养化具有重要作用，对于海洋生态系统的稳定具有重要意义。

在许多海域的海底天然分布着众多的底栖动物，例如，江苏省海门蛎蚜山牡蛎礁、小清河牡蛎礁、渤海湾牡蛎礁等。但是自 20 世纪以来，由于过度采捕、环境污染、病害和生境破坏等原因，在沿海海域，特别是河口、海湾和许多沿岸海区，许多底栖动物的种群数量持续下降，甚至消失。许多曾拥有极高海洋生物多样性的富饶海岸带，已成为无生命的荒滩、死海，海洋生态系统的结构与功能受到破坏，海洋环境退化越来越严重，甚至成为无生物区。

为了修复沿岸浅海生态系统、净化水质和促进渔业可持续发展，近二三十年来世界多地都开展了一系列牡蛎礁、贻贝床和其他底栖动物的恢复活动。在进行底栖动物移植修复过程中，在控制污染和生境修复的基础上，通过引入合适的底栖动物种类，使其在修复区域建立稳定种群，形成规模资源，达到以生物来调控水质、改善沉积物质量，以期在退化潮间带、潮下带重建植被和底栖动物群落，使受损生境得到修复、自净，进而恢复该区域生物多样性和生物资源的生产力，促使退化海洋环境的生物结构完善和生态平衡。

为达到上述目的，采用的方法可以是土著底栖动物种类的增殖和非土著种类移植等。适用的底栖动物种类包括：贝类中的牡蛎、贻贝、毛蚶、青蛤、杂色蛤，多毛类的沙蚕，甲壳类的蟹类等。例如，美国在东海岸及墨西哥湾建立了大量的人工牡蛎礁，研究结果证实，构建的人工牡蛎礁经过二三年时间，就能恢复自然生境的生态功能。

第八章

水资源开发利用工程

第一节　地表水资源开发利用工程

一、引水工程

引水工程是借重力作用把水资源从源地输送给用户的措施。近年来，人类社会为了满足经济发展和社会进步的需求，许多国家积极发展水利事业，通过引水工程解决水资源匮乏以及水资源分配不均的问题。引水工程是为了满足缺水地区的用水需求，对水资源进行重新分配，从水量丰富的区域转移到水资源匮乏区域的工程，能够有效地解决水资源地区分布不均和供需矛盾等问题，对水资源匮乏地区的发展和水资源综合开发利用具有重要的意义。引水工程不仅能够缓解水资源匮乏地区的用水矛盾，而且改善了人们的生产以及生活条件，同时促进了当地经济社会的快速发展。然而，在引水工程带来可观的经济效益和社会效益的同时，其建设期和项目实施后也引起了不同程度的生态环境负面影响。

任何事物都是有利有弊的。在对水资源进行人工干预后，不仅会使河流水量发生变化，也会对河流的水位、泥沙等水文情势产生巨大的影响。如果工程范围内存在污染源，或者输水沿线外界污染源进入输水管道，就有可能对受水区的水质造成污染。在取水口下游，减水河段可能呈现断流状态，水生生物的栖息地受到破坏，局部生态系统会由水生转变为陆生，极大地削弱了河流自净能力，从而加重河流污染等。

二、蓄水工程

（一）蓄水工程

1. 拦河引水工程

按一定的设计标准，选择有利的河势，利用有效的汇水条件，在河道软基上修建低水头拦河溢流坝，通过拦河坝将天然降水产生的径流汇集并抬高水位，为农业灌溉和居民生活用水提供保障的集水工程。

2. 塘坝工程

按一定的设计标准，利用有利的地形条件、汇水区域，通过挡水坝将自然降水产生的径流存起来的集水工程。拦水坝可采用均质坝，并进行必要的防渗处理和迎水坡的防浪处理，为受水地区和村屯供水。

3. 方塘工程

按一定的设计标准，在地表水与地下水转换关系密切地区截集天然降水的集水工程。为增强方塘的集水能力，必要时要附设天然或人工的集雨场，加大方塘集水的富集程度。

4. 大口井工程

建设在地下水与天然降水转换关系密切地区的取水工程，也是集水工程的一个组成部分。

（二）蓄水灌溉工程

1. 水库

有单用途的，如灌溉水库、防洪水库；有多用途的，即兼有灌溉、发电、防洪、航运、渔业、城市及工业供水、环境保护等(或其中几种)综合利用的水库。

水利枢纽工程一般由水坝、泄水建筑物和取水建筑物等组成。水坝是挡水建筑物，用于拦截河流、调蓄洪水、抬高水位以形成蓄水库。泄水建筑物是把多余水量下泄，以保证水坝安全的建筑物。有河岸溢洪道、泄水孔、溢流坝等形式。取水建筑物是从水库取水，供灌区灌溉、发电及其他用水需要，有时还用来放空水库和施工导流。放水管一般设在水坝底部，装有闸门以控制放水流量。

库址选择要考虑地形条件、水文地质条件和经济效益等。坝址谷口狭窄、库区平坦开阔、集水面积大，则可以用较小的工程量获得较大的库容。此外还要综合考虑枢纽布置及施工条件，如土石坝的坝址附近要有高程适当的鞍形哑口，以便布设河岸溢洪道。坝基和大坝两端山坡的地质条件要好，岩基要有足够的强度、抗水性(不溶解、不软化)和整体性，不能有大的裂隙、溶洞、风化破碎带、断层及沿层面滑动等不良地质条件。非岩基也要求有足够的承载能力、土层均匀、压缩性小、没有软弱的或易被水流冲刷的夹层存在。坝址附近要有足够可供开采的土、砂、石料等建筑材料和较开阔的堆放场地等。水库的集水面积和灌溉面积的比例应适当，并接近灌区，以节省渠系工程量和减少渠道输水损失。

2. 塘堰

主要拦蓄当地地表径流。对地形和地质条件的要求较低，修建和管理均较方便，可直接放水入地。塘堰广泛分布在南方丘陵山区。如湖北省梅川水库灌区，有塘堰6 000多处，总蓄水量达1 300万立方米，基本上可满足灌区早稻用水。

三、输水工程

(一)输水管道

从水库、调压室、前池向水轮机或由水泵向高处送水，以及埋设在土石坝坝体底部、地面下或露天设置的过水管道。可用于灌溉、水力发电、城镇供水、排水、排放泥沙、放空水库、施工导流配合溢洪道宣泄洪水等。其中，向水轮机或向高处送水的管道，因其承受较大的内水压力，故称压力水管；埋设在土石坝底部的管道，称为坝下埋管；埋在地下的管道，称为暗管或暗渠。

坝下埋管由进口段(进水口)、管身和出口段三部分组成。管内水流可以是具有自由水面的无压流，也可以是充满水管的有压流。进口段可采用塔式或斜坡式，内设闸门等控制设备。无压埋管常用圆拱直墙式，由混凝土或浆砌石建造；有压埋管多为圆形钢筋混凝土管。进口高程根据运用要求确定。除用于引水发电的埋管，管后接压力水管外，其他用途的坝下埋管出口均需设置消能防冲设施。埋管的断面尺寸取决于运用要求和水流形态：对有压管，可根据设计流量和上下游水位，按管流计算，并保证洞顶有一定的压力余幅；对无压管，可根据进口压力段前后的水位，按孔口出流计算过流能力，洞内水面线由明渠恒定非均匀流公式计算。管壁厚度按埋置方式(沟埋式、上埋式或廊道式)，经计算并参考类似工程确定。

长距离输水工程中，管材的选择至关重要，它既是保证供水系统安全的关键，又是决定工程造价和运行经费所在。目前国内用于输水的管道，主要有钢管、球墨铸铁管、预应力钢筒混凝土管(PCCP)和夹砂玻璃钢管。

(二)输水建筑物

输水建筑物是指连接上下游引输水设置的水工建筑物的总称。当引输水至下游河渠，引水建筑物即输水建筑物。当引输水至水电厂发电，则输水建筑物包括引水建筑物和尾水建筑物。

输水建筑物是把水从取水处送到用水处的建筑物，它和取水建筑物是不可分割的。

输水建筑物可以按结构形式分为开敞式和封闭式两类，也可按水流形态分为无压输水和有压输水两种。最常用的开敞式输水建筑物是渠道，自然它只能是无压明流。封闭式输水建筑物有隧洞及各种管道(埋于坝内的或者露天的)，既可以是有压的，也可以是无压的。

输水建筑物除应满足安全、可靠、经济等一般要求外，还应保证足够大的输水能力和尽可能小的水头损失。

输水建筑物在运用前、运用中和运用后均可能因设计、施工和管理中的失误、或因混凝土结构缺陷、基础地质缺陷以及随时间的推移，导致其引水隧洞、输水涵管和渠道等产生不同程度的劣化，故及时检查、养护和修理以防患于未然就成为水工程病害处理的重要内容。

四、扬水工程

(一)水泵

水泵是输送液体或使液体增压的机械。它将原动机的机械能或其他外部能量传送给液体，使液体能量增加，主要用来输送包括水、油、酸碱液、乳化液、悬乳液和液态金属等液体。

也可输送液体、气体混合物以及含悬浮固体物的液体。水泵性能的技术参数有流量、吸程、扬程、轴功率、水功率、效率等；根据不同的工作原理可分为容积水泵、叶片泵等类型。容积泵是利用其工作室容积的变化来传递能量；叶片泵是利用回转叶片与水的相互作用来传递能量，有离心泵、轴流泵和混流泵等类型。

（二）泵站

能提供有一定压力和流量的液压动力和气压动力的装置、工程称泵和泵站工程，是排灌泵站的进水、出水、泵房等建筑物的总称。

1. 污水泵站

污水泵站是污水系统的重要组成部分，特点是水流连续，水流较小，但变化幅度大，水中污染物含量多。因此，设计时集水池要有足够的调蓄容积，并应考虑备用泵，此外设计时应尽量减少对环境的污染，站内要提供较好的管理、检修条件。

2. 雨水泵站

雨水泵站是指设置于雨水管道系统中或城市低洼地带，用以排除城区雨水的泵站。雨水泵站不仅可以防积水，还可供水。

第二节 地下水资源开发利用工程

一、管井

（一）管井种类

用途分为供水井、排水井、回灌井。按地下水的类型分为压力水井（承压水井）和无压力水井（潜水井）。地下水能自动喷出地表的压力水井称为自流井。按井是否穿透含水层分为完整井和非完整井。

（二）管井结构

管井由井口、井壁管、滤水管和沉沙管等部分组成。管井的井口外围，用不透水材料封闭，自流井井口周围铺压碎石并浇灌混凝土。井壁可用钢管、铸铁管、钢筋混凝土管或塑料管等。钢管适用的井深范围较大；铸铁管一般适于井深不超过 250m；钢筋混凝土管一般用于井深 200~300m；塑料管可用于井深 200m 以上。井壁管与过滤器连成管柱，垂直安装在井孔当中。井壁管安装在非含水层处，过滤器安装在含水层的采水段。在管柱与孔壁间环状间隙中的含水层段填入经过筛选的砾石，在砾石上部非含水层段或计划封闭的含水层段，填入黏土、黏土球或水泥等止水物。

(三)管井设计

包括井深、开孔和终孔直径、井管及过滤器的种类、规格、安装的位置及止水、封井等。井深决定于开采含水层的埋藏深度和所用抽水设备的要求。开孔和终孔直径，根据安装抽水设备部位的井管直径、设计安装过滤器的直径及人工填料的厚度而定。井管和过滤器的种类、规格、安装的位置，沉淀管的长度和井底类型，主要根据当地水文地质条件，并按照设计的出水量、水质等要求决定。井管直径须根据选用的抽水设备类型、规格而定。常用的井管有无缝钢管，钢板卷焊管，铸铁管，石棉水泥管，聚氯乙烯、聚丙烯塑料管，水泥管，玻璃钢管等。止水、封井取决于对水质的要求，不良水源的位置和渗透、污染的可能性。设计中须规定止水、封井的位置和方法及其所用材料的质量。

第四纪松散层取水管井设计在高压含水层、粗砂以上的取水层，以及某些极破碎的基岩层水井中，可采用缠丝过滤器或包网过滤器。中砂、细砂、粉砂层，可采用由金属或非金属的管状骨架缠金属丝或非金属丝，外填砾石组成的缠丝填砾过滤器，以防止含水层中的细小颗粒涌进井内，保证井的使用寿命，还可增大过滤器周围的孔隙率和透水性，从而减少进水时的水头损失，增加单井出水量。填砾厚度，根据含水层的颗粒大小决定，一般为75~150mm。沉淀管长度，一般为2~10m，其下端要安装在井底。

基岩中取水管井设计如全部岩层为坚硬的稳定性岩石时，不需要安装井管，以孔壁当井管使用。当上部为覆盖层或破碎不稳定岩石，下部也有破碎不稳定岩石时，应自孔口起安装井管，直到稳定岩石为止。其中含水层处如有破碎带、裂隙、溶洞等，应根据含水岩层破碎情况安装缠丝、包网过滤器或圆孔或条孔过滤器。

(四)管井施工

1. 钻井方法

常用的钻井方法有冲击钻进法、回转钻进法、冲击回转钻进法。

2. 井管安装

根据不同井管、钻井设备而采用不同的安装方法。主要有：

(1)钢丝绳悬吊下管法。适用于带丝扣的钢管、铸铁管，以及有特别接头的玻璃钢管、聚丙烯管及石棉水泥管，拉板焊接的无丝扣钢管，螺栓连接的无丝扣铸铁管，黏接的玻璃钢管，焊接的硬质聚氯乙烯管。

(2)浮板下管法。适用于井管总重超过钻机起重设备负荷的钢管或超过井管本身所能承受的拉力的带丝扣铸铁井管。

(3)托盘下管法。适用于水泥井管，砾石胶结过滤器及采用铆焊接头的大直径铸铁井管。

3. 填砾

填砾方法有：静水填入法，适用于浅井及稳定的含水层；循环水填砾法，适用于较深井；抽水填砾法，适用于孔壁稳定的深井。

4. 止水封井

根据管井对水质的要求进行止水、封井，其位置应尽量选择在隔水性好，井壁规整的层位。供水井应进行永久性止水、封井，并保证止水、封井的有效性，所用材料不能影响水质。永久性止水、封井方法有：黏土和黏土球围填法、压力灌浆法。所用材料为黏土、黏土球及水泥。

5. 洗井

洗井是为了清除井内泥浆，破坏在钻进过程中形成的泥浆壁，抽出井壁附近含水层的泥浆、过细的颗粒及基岩含水层中的充填物，使过滤器周围形成一个良好的滤水层，以增大井的出水量。常用的洗井方法有：活塞洗井法、压缩空气洗井法、冲孔器洗井法、泥浆泵与活塞联合洗井法、液态二氧化碳洗井法及化学药品洗井法等。这些洗井方法用于不同的水文地质条件与不同类型的管井，洗井效果也不相同，应因地制宜地加以选用。

(五)使用维护

使用维护直接关系到井的使用寿命。如使用维护不当，将使管井出水量减少、水质变坏，甚至使井报废。管井在使用期中应根据抽水试验资料，妥善选择管井的抽水设备。所选用水泵的最大出水量不能超过井的最大允许出水量。管井在生产期中，必须保证出水清、不含砂；对于出水含砂的井，应适当降低出水量。在生产期中还应建立管井使用档案，仔细记录使用期中出水量、水位、水温、水质及含砂量变化情况，借以随时检查、维护。如发现出水量突然减少，涌砂量增加或水质恶化等现象，应即停止生产，进行详细检查修理后再继续使用。一般每年测量一次井的深度，与检修水泵同时进行，如发现井底淤砂，应进行清理。季节性供水井，很容易造成过滤器堵塞而使出水量减少。因此在停用期间，应定期抽水，以避免过滤器堵塞。

二、大口井

一般井深不超过 15m 的水井，井径根据水量、抽水设备布置和施工条件等因素确定，一般为5~8m，不宜超过10m。地下水埋藏一般在10m内，含水层厚度一般在5~15m，适用于任何砂、卵、砾石层，渗透系数最好在20m/d以上，单井出水量一般500~10 000m^3/d，最大为20 000~30 000m^3/d。

大口井适用于地下水埋藏较浅、含水层较薄且渗透性较强的地层取水，它具有就地取材、施工简便的优点。

大口井按取水方式可分为完整井和非完整井。完整井井底不能进水，井壁进水容易堵塞，非完整井井底能够进水。

按几何形状可分为圆形和截头圆锥形两种。圆筒形大口井制作简单，下沉时受力均匀，不易发生倾斜，即使倾斜后也易校正；圆锥截头圆锥形大口井具有下沉时摩擦力小、易于下沉、但下沉后受力情况复杂、容易倾斜、倾斜后不易校正的特点。一般来说，在地层较稳定的地区，应尽量选用圆筒形大口井。

三、辐射井

辐射井是一种带有辐射横管的大井。井径2~6m，在井底或井壁按辐射方向打进滤水管以增大井的出水量，一般效果较好。滤水管多者出水量能增加数倍，少的也能增加1~2倍。

辐射井设有辐射管(孔)以增加出水量，按集水类型可分为集取河床渗透水型、同时领取河床渗透水与岸边地下水型、集取岸边地下水型、远离河流集取地下水型四种。

四、截潜流工程

截潜流工程是在河底砂卵石层内，垂直河道主流修建截水墙，同时在截水墙上游修筑集水廊道，将地下水引入集水井的取水工程。

截潜流工程又称地下拦河坝，是在河底砂卵石层内，垂直河道主流修建截水墙，同时在截水墙上游修筑集水廊道，将地下水引入集水井的取水工程。适用于谷底宽度不大、河底砂卵石层厚度不大、而潜流量又较大的地段。集水廊道的透水壁外一般应设置反滤层，廊道坡度以1/50~1/200为宜。集水井设置于廊道出口处，井的深度应低于廊道1~2m，以便沉砂和提水。截潜流工程是综合开发河道地表和地下径流的一种地下集水工程，其一般由截水墙、进水部分、集水井、输水部分等组成。其工程类型按截潜流的完成程度，可分为完整式和非完整式两种，完整式截水墙穿透含水层，非完整式没有穿透含水层，只拦截了部分地下水径流。

第三节　河流取水工程

一、江河取水概说

(一) 江河水源分布广泛

江河在水资源中具有水量充沛，分布广泛的特点，常作为城市和工矿供水水源，例如，在我国南方(秦岭淮河以南)90%以上的水源工程都以江河为水源。

(二) 江河取水的自然特性

江河取水受自然条件和环境影响较大，必须充分了解江河的径流特点，因地制宜地选择取水河段。特别是北方各地，河流的流量和水位受季节影响，洪、枯水量变化悬殊，冬季又有冰情，会形成底冰和冰屑，易造成取水口的堵塞，为保证取水安全，必须周密调查，反复论证。

(三) 全面了解河道的冲淤变化

河道在水流作用下，不断地发生着平面形态和断面形态的变化，这就是通常所说的河道演变。河道演变是河流水沙状况和泥沙运动发展的结果，不论是南方北方，还是长江黄河，挟带泥沙的水流在一定条件下可以通过泥沙的淤积而使河床抬高，形成滩地，也可以通过水流的冲刷而使河岸坍塌，河道变形。泥沙有时可能会被紊动的水流悬浮起来形成悬移质泥沙；有时也可因水流条件的改变而下沉到河流床面，在河床上推移运动，成为推移质泥沙。当水流挟带能力更小时，推移质或悬移质泥沙还能淤积在河床上成为河床质泥沙。在河流中，悬移质、推移质泥沙和河床质泥沙间的这种不断交替变化的过程，就是河道冲刷和淤积变化的过程。冲淤演变常造成主流摆动，取水口脱流而无法取水。

二、河流的一般特性

(一) 山区河流

山区河道流经地势高峻地形复杂的山区，在其发育过程中以河流下切为主，其河道断面一般呈 V 字形或 U 字形。

在陡峻的地形约束下，河床切割深达百米以上，河槽宽仅二三十米，宽深比一般小于 100，洪水猛涨猛落是山区河流的重要水文特点，往往一昼夜间水位变幅可达 10m 之巨，山区河流的水面比降常在 1% 以上，如黄河上游的平均比降达 10%。由于比降大，流速高，挟沙能力强。含沙量常处在非饱和状态，有利于河流向冲刷方向发展。

（二）平原河道

1. 顺直型河段

该类河流在中水时，水流顺直微弯，枯水时则两岸呈现犬牙交错的边滩，主流在边滩侧旁弯曲流动并形成深槽。

2. 弯曲型河段

该型河段是平原河道最常见的河型，其特点是中水河槽具有弯曲的外形，深槽紧靠凹岸，边滩依附凸岸。弯道上的水流受重力和离心力的作用，表层水流向凹岸，底层水流向凸岸，形成螺旋向前的螺旋流。受螺旋流的作用，表层低含沙水冲刷凹岸，使凹岸崩塌并不断后退。

在长期水流作用下。弯曲凹岸的不断崩塌后退，凸岸的不断延伸，会使河弯形成 U 字型的改变。进而使两个弯顶之间距离不断缩短而形成河环，河环形成后，一旦遭遇洪水漫滩，就会在河弯发生“自然裁弯”从而使河弯处的取水构筑淤塞报废，老河湾成为与新河隔离的“牛轭湖”。不过“自然裁弯”是个逐渐发展的漫长过程。地质条件较好的地段，河弯可长期维持稳定。

3. 分汊型河道

分汊型河道亦称江心洲型河道，如南京长江八卦洲河段，其特点是中水河槽分汊，两股河道周期性消长，在分汊河道的尾部，两股水流的汇合处，其表流指向河心，底流指向两岸，有利于边滩形成。在分汊河段建取水工程，应分析其分流分沙影响与进一步河床的演变发展。

4. 游荡型河段

其特点是中水河槽宽浅，河滩密布，汊道交织，水流散乱，主流摆动不定。河床变化迅速。黄河花园口河段就是一个游荡型河段的示例，该河段平均水深仅 1~3m。河道很不稳定，一般不宜在该河建设取水工程。如必须在此引水，应置引水口于较狭窄的河段，或采用多个引水口的方案。

三、河弯的水流结构

（一）天然河道的平面形态

天然河道多处于弯弯相连的状态，据调查，天然河流的直段部分只占全河长的10%～20%，弯道部分占河长的80%～90%以上。所以天然河道基本上是弯曲的，在弯曲河道上布置取水工程应充分了解弯道的水流结构。

（二）弯道的水流运动

由于离心力和水流速度的平方成正比，而河道流速分布是表层大，底层小，离心力的方向是弯道凹岸的方向，因此表层水流向凹岸，使凹岸水面雍高，从而形成横比降。受横比降作用，断面内形成横向环流。

在环流和河流的共同作用下。弯道水流的表流是指向凹岸，底流指向凸岸的螺旋流运动。螺旋流的表层水流以较大的流速对凹岸形成由上向下的淘冲力，使凹岸受到冲刷而流向凸岸的底流，因挟带大量泥沙，致使凸岸淤积。这种发展的结果便使凹岸成为水深流急的主槽，凸岸则为水浅流缓的边滩。

（三）弯曲河道的水流动力轴线

水流动力轴线又称主流线。在弯道上游主流线稍偏凸岸，进入弯道后主流线逐渐向凹岸过渡，到弯顶附近距凹岸最近成为主流的顶冲点。严格讲，主流线和顶冲点都因流量不同而有所变化。由于离心力因流速流量而异，水流对凹岸的顶冲点也会因枯水而上提，受洪水而下挫，常水位则处在弯顶左右。高浊度水设计规范中常以深泓线形式表达河道水流的动力轴线。深泓线是沿水流方向河床最大切深点的连线，也是水流动力轴线的直观表述。

为了解河势变化，常对各不同年代的深泓线绘制成套绘图，深泓线紧密的地方均可作为取水口的备选位置。

（四）弯曲河道的最佳引水点

北方河道的洪枯水量相差悬殊，枯水期引水保证率较低，一般只能够引取河道来流的25%～30%，为了保证取水安全，并免于剧烈掏冲，引水口最好选在顶冲点以下距凹岸起点下游 4~5 倍河宽的地段。或在顶冲点以下 1/4 河弯处。

（五）格氏加速度

造成水面横比降的离心力系为惯性力，是维持水流运动不变的力量，地球由西向东自转，迫使整个水流做旋转运动，其向心力指向地轴，而惯性力恰好与其相反，作用在受迫旋转的物体上。在北半球，如果江河沿纬线东流，向心力指向地轴，而水流的惯性力则指向南岸，换言之，正是河流南岸的约束，迫使水流迴绕地轴做旋转运动。学者们总结格氏加速度的结论是：在北半球，水流总是冲压右岸，在南半球，水流则紧压左岸。

格氏加速度提示我们，由地球自转所产生的惯性力使水流向右岸偏离，主流线一般偏向右岸，右岸引水会靠近主流。

四、河流取水的洪枯分析

（一）河流洪枯分析的必要性

现行室外给水设计规范明确指出：江、河取水构筑物的防洪标准，不应低于城市防洪标准，其设计洪水重现期不得低于 100 年。要求枯水位的保证率采用 90%~99%。而且该条文为强制性条文，必须严格执行。这样，我们在进行取水工程设计时，就必须对河流的洪水流量、枯水流量和相应的水位等参数进行认真的计算和校核，让分析计算成果更加符合未来的水文现象实际。但江河的洪、枯流量有其自身特点。上游水库的调蓄、发电运用在很大程度上改变了河流水情。在进行频率分析计算时，必须考虑其影响。另外，河流多年来的开发建设也为我们提供了许多水文特征数据，应充分利用这些数据来充实和校验我们的频率分析成果。

（二）频率分析样本的选用

取水工程频率分析计算的任务，是根据已有的水文测验数据，运用数理统计原理来推断未来若干年水文特征的出现情况。这是一种由样本（水文测验数据）推算总体的预测方法。按照数理统计原理，径流成因分析和大量的水文实践验证，我国河流的枯、洪流量变化统计地符合皮尔逊Ⅲ型曲线所表达的变化规律。因此，用这种方法计算河流的洪水和枯水设计参数是适宜和合理的。给排水设计手册以较大篇幅对频率分析方法进行了详细介绍，这里不再重复。但需要指出的是，统计时所使用的样本数据必须前后一致，江河上游水库的调蓄运用，改变了流量和水位的天然时程分配，使实测水文资料的一致性遭到破坏。统计分析时，不能不加区别地笼统采用，一般情况下，要将建库后的资料如水位、流量等还原为天然情况下产生的水位和流量，使前后一致起来，才能一并进行频率分析计算。因为我们的频率分析，是由“部分”推断“全局”，由“样本”推断总体的一种预测。由于水文资料年限较短，样本较少，而预测的目标值却要达到百年或千年一遇，预期很长。因此样本的选择就十分重要，应严格坚持前后一致的原则，否则就会因样本失真而造成失之毫厘差之千里的错误。

坚持样本条件前后一致的原则，还会遇到另一种情况，即人工调控后的水文资料年限较长，如20年到30年，可以基本满足频率分析对样本的数量要求。这时，还应当对样本的统计规律进行分析判断。

还应强调指出，频率分析并不能十分理想地解决设计洪水和枯水的一切问题，为使设计数据更加稳妥，应首先进行该河段暴雨洪水基本特性分析，了解洪水的成因、来源、组成等特性和规律，为计算结果提供依据。其次还要参照相关工程进行分析验证，使成果更加接近未来的水文实际。为此，大量搜集相关水文计算成果，进行反复参照验证也十分必要。

五、取水构筑物位置的合理选择

（一）选择取水构筑物位置需收集的资料

取水构筑物的位置选择，是建立在对河段水文状况、河势变化、河相条件及工程地质资料充分分析的基础之上。为此，必须在现场勘查的基础上，搜集和占有大量的相关资料。

一般来说，需搜集的资料包括下列几个方面：

1. 水文资料

（1）历年洪、枯水位及相应流量及含沙量。

（2）洪水、中水、枯水及 $p=1\%$、$p=50\%$、$p=75\%$ 及 $p=99\%$ 保证率下的相关流量、水位及其水、沙过程资料。

（3）历年逐日平均含沙量及沙峰过程资料。

（4）泥沙颗粒分析和级配资料。

（5）水位流量的相关曲线。

(6)各种流量状态(高、中、低)的水面比降记载资料。

(7)河段附近的水利工程情况(已建在建和规划)。

(8)大型水利设施建设后对河道的运用影响。

(9)历年的水温变化及冰情。

(10)历年洪、枯水位时的水质分析资料和相关资料。

2. 河相资料

(1)水深、河宽、比降以及河道纵坡。

(2)平滩流量，相应水深和河宽。

(3)河床纵断和横断图。

(4)历年河势变化图，中泓线变迁图。

(5)历年河道平面图。

(6)河床质中粒径及其变化。

(7)河道冲淤变化的记载及相应流量、水位资料。

3. 地质资料

(1)河道地质纵断面。

(2)河道地质横断面。

(3)取水点上下游 1 000m 左右有无基岩露头或防冲控制点。

4. 其他资料

(1)河段的水利工程规划，航运规划。

(2)城市和河段的洪水设防标准及防洪工程运用情况。

(3)河道险情及其工程应对措施。

(4)附近的取水工程运用情况。

(二)取水河段的冲淤变化分析

河道的冲淤变化，即河道演变是极其复杂的水、沙过程，影响因素很多。实践中通常采用以下 4 种方法进行分析研究

(1)对天然河道的实测资料进行分析。

(2)运用泥沙运动理论和河道演变原理进行计算。

(3)通过河工模型试验，对河道演变和取水构筑物工作状况进行预测。

(4)用条件相似河段的实测资料进行类比分析。

以上几种方法中，分析其天然河道资料是最重要的方法。

第四节　水源涵养、保护和人工补源工程

一、水源涵养

水源涵养，是指养护水资源的举措。一般可以通过恢复植被、建设水源涵养区达到控制土壤沙化、降低水土流失的目的。

水源涵养林是指用于水源涵养、改善水文状况、调节区域水分循环、防止河流、湖泊、水库淤塞，以及保护可饮水水源为主要目的的森林、林木和灌木林。主要分布在河川上游的水源地区，对于调节径流，防止水、旱灾害，合理开发、利用水资源具有重要意义。水源涵养能力与植被类型、盖度、枯落物组成、土层厚度及土壤物理性质等因素密切相关。

水源涵养林是用于控制河流源头水土流失，调节洪水枯水流量，具有良好的林分结构和林下地被物层的天然林和人工林。水源涵养林通过对降水的吸收调节等作用，变地表径流为壤中流和地下径流，起到显著的水源涵养作用。为了更好地发挥这种功能，流域内森林需均匀分布，合理配置，并达到一定的森林覆盖率，采用合理的经营管理技术措施。

（一）作用

1. 调节坡面径流

调节坡面径流能够削减河川汛期径流量。一般在降雨强度超过土壤渗透速度时，即使土壤未达饱和状态，也会因降雨来不及渗透而产生超渗坡面径流；而土壤达到饱和状态后，其渗透速度降低，即使降雨强度不大，也会形成坡面径流，称为过饱和坡面径流。但森林土壤则因具有良好的结构和植物腐根造成的孔洞，渗透快、蓄水量大，一般不会产生上述两种径流；即使在特大暴雨情况下形成坡面径流，其流速也明显小于无林地。在积雪地区，因森林土壤冻结深度较小，林内融雪期较长，在林内因融雪形成的坡面径流也较小。森林对坡面径流的良好调节作用，可使河川汛期径流量和洪峰起伏量减小，从而减免洪水灾害。

2. 调节地下径流

调节地下径流可以增加河川枯水期径流量。森林增加河川枯水期径流量的主要原因是其把大量降水渗透到土壤层或岩层中并形成地下径流。在一般情况下，坡面径流只要几十分钟至几小时即可进入河川，而地下径流则需要几天、几十天甚至更长的时间缓缓进入河川，因此可使河川径流量在年内分配比较均匀，提高了水资源利用系数。

3. 滞洪和蓄洪功能

河川径流中泥沙含量的多少与水土流失相关。水源林一方面对坡面径流具有分散、阻滞和过滤等作用；另一方面其庞大的根系层对土壤有网结、固持作用。在合理布局情况下，还能吸收由林外进入林内的坡面径流，并把泥沙沉积在林区。

降水时，由于林冠层、枯枝落叶层和森林土壤的生物物理作用，对雨水的截留、吸持渗入、蒸发，减小了地表径流量和径流速度，增加了土壤拦蓄量，将地表径流转化为地下径流，从而起到了滞洪和减少洪峰流量的作用。

4. 枯水期的水源调节功能

中国受亚洲、太平洋季风影响，雨季和旱季降水量十分悬殊，因而河川径流有明显的丰水期和枯水期。但在森林覆被率较高的流域，丰水期径流量占30%～50%，枯水期径流量也可占到20%左右。森林能涵养水源主要表现在对水的截留、吸收和下渗，在时空上对降水进行再分配，减少无效水，增加有效水。水源涵养林的土壤吸收林内降水并加以贮存，对河川水量补给起积极的调节作用。森林覆盖率的增加减少了地表径流，增加了地下径流，使得河川在枯水期也不断有补给水源，增加了干旱季节河流的流量，使河水流量保持相对稳定。森林凋落物的腐烂分解，改善了林地土壤的透水通气状况。因而，森林土壤具有较强的水分渗透力。有林地的地下径流一般比裸露地的地下径流大。

5. 改善和净化水质

造成水体污染的因素主要是非点源污染，即在降水径流的淋洗和冲刷下，泥沙与其所携带的有害物质随径流迁移到水库、湖泊或江河，导致水质浑浊恶化。水源涵养林能有效地防止水资源的物理、化学和生物的污染，减少进入水体的泥沙。降水通过林冠沿树干流下时，林冠下的枯枝落叶层对水中的污染物进行过滤、净化，所以最后由河溪流出的水的化学成分发生了变化。

6. 调节气候

森林通过光合作用可吸收二氧化碳，释放氧气，同时吸收有害气体及滞尘，起到清洁空气的作用。森林植物释放的氧气量比其他植物高 9~14 倍，占全球总量的 54%，同时通过光合作用贮存了大量的碳源，故森林在地球大气平衡中的地位相当重要。一方面，林木通过抗御大风可以减风消灾。另一方面，森林对降水也有一定的影响。多数研究者认为森林有增水的效果。森林增水是由于造林后改变了下垫面状况，使近地面的小气候变化而引起的。

（二）营造技术

1. 树种选择和混交

在适地适树原则的指导下，水源涵养林的造林树种应具备根量多、根域广、林冠层郁闭度高(复层林比单层林好)、林内枯枝落叶丰富等特点。因此，最好营造针阔混交林，其中除主要树种外，要考虑合适的伴生树种和灌木，以形成混交复层林结构。同时选择一定比例深根性树种，加强土壤固持能力。在立地条件差的地方、可考虑以对土壤具有改良作用的豆科树种作先锋树种；在条件好的地方，则要用速生树种作为主要造林树种。

2. 林地配置与整地方法

在不同气候条件下取不同的配置方法。在降水量多、洪水危害大的河流上游，宜在整个水源地区全面营造水源林。在因融雪造成洪水灾害的水源地区，水源林只宜在分水岭和山坡上部配置，使山坡下半部处于裸露状态，这样春天下半部的雪首先融化流走，上半部林内积雪再融化就不致造成洪灾。为了增加整个流域的水资源总量，一般不在干旱半干旱地区的坡脚和沟谷中造林，因为这些部位的森林能把汇集到沟谷中的水分重新蒸腾到大气中去，减少径流量。总之，水源涵养林要因时、因地、因害设置。水源林的造林整地方法与其他林种无重大区别。在中国南方，低山丘陵区降雨量大，要在造林整地时采用竹节沟整地造林；西北黄土区降雨量少，一般用反坡梯田整地造林；华北石山区采用“水平条”整地造林。在有条件的水源地区，也可采用封山育林或飞机播种造林等方式。

3. 经营管理

水源林在幼林阶段要特别注意封禁，保护好林内死地被物层，以促进养分循环并改善表层土壤结构，利于微生物、土壤动物(如蚯蚓)的繁殖，尽快发挥森林的水源涵养作用。水源林达到成熟年龄后，要严禁大面积皆伐，一般应进行弱度择伐。重要水源区要禁止任何方式的采伐。

二、水资源保护区的划分与防护

(一)水资源保护区的划分原则

(1)必须保证在污染物达到取水口时浓度降到水质标准以内。

(2)为意外污染事故提供足够的清除时间。

(3)保护地下水补给源不受污染。

(二)划分方法

我国水源保护区等级的划分依据对取水水源水质影响程度大小，将水源保护区划分为水源一级、二级保护区。

结合当地水质、污染物排放情况，将位于地下水口上游及周围直接影响取水水质(保证病原菌、硝酸盐达标)的地区可划分为水源一级保护区。

将一级水源保护区以外的影响补给水源水质，保证其他地下水水质指标的一定区域划分为二级保护区。

(三)生态补偿机制在水资源保护区的重要性

1. 有利于促进水资源保护区的生态文明建设

生态文明兴起源于人类中心主义环境观，是对人类与自然的矛盾的正面解决方式，反映了人类用更文明而非野蛮的方式来对待大自然、努力改善和优化人与自然关系的理念。

2. 推进水资源保护区综合治理中问题与矛盾的解决

水资源保护区的生态补偿是指为恢复、维持和增强水资源生态系统的生态功能，水资源受益者对导致水资源生态功能减损的水资源开发或利用者征收税费，对改善、维持或增强水资源生态服务功能而做出特别牺牲者给予经济和非经济形式补偿的制度，是一种保护水资源生态环境的经济手段，是生态补偿机制在水资源保护中的应用，集中体现了公正、公平的价值理念，也是肯定水资源生态功能价值的一种表现。如南宁市水资源保护区补偿机制的建立，一方面可以将水资源保护区源头治理保护的积极性调动起来，使优质水源得到有效保障；另一方面还能有效缓解水资源地区治理保护费用不足的现象，使社会经济的高速发展与保护生态环境之间不断加深的矛盾得到有效改善。

三、人工补源回灌工程

(一)人工回灌及其目的

所谓地下水人工补给(即回灌)，就是将被水源热泵机组交换热量后排出的水再注入地下含水层。这样做可以补充地下水源，调节水位，维持储量平衡；可以回灌储能，提供冷热源，如冬灌夏用，夏灌冬用；可以保持含水层水头压力，防止地面沉降。所以，为保护地下水资源，确保水源热泵系统长期可靠运行，水源热泵系统工程中一般应采取回灌措施。

目前，尚无回灌水水质的国家标准，各地区和各部门制订的标准不尽相同。应注意的原则是，回灌水质要好于或等于原地下水水质，回灌后不会引起区域性地下水水质污染。实际上，水源水经过热泵机组后，只是交换了热量，水质几乎没发生变化，回灌不会引起地下水污染，但是存在污染水资源的风险。

(二)回灌类型及回灌量

根据工程场地的实际情况，可采用地面渗入补给、诱导补给和注入补给。注入式回灌一般利用管井进行，常采用无压(自流)、负压(真空)和加压(正压)回灌等方法。无压自流回灌适用于含水层渗透性好，井中有回灌水位和静止水位差的地层。真空负压回灌适用于地下水位埋藏深(静水位埋深在 10m 以下)，含水层渗透性好的地层。加压回灌适用于地下水位高，透水性差的地层。

回灌量大小与水文地质条件、成井工艺、回灌方法等因素有关，其中水文地质条件是影响回灌量的主要因素。一般说，出水量大的井回灌量也大。

(三)地下水管井回灌方式分类

1. 同井抽灌方式

(1)同井抽灌方式是指从同一眼管井底部抽取地下水，送至机组换热后，再由回水管送回同一眼井中。回灌水有一部分渗入含水层，另一部分与井水混合后再次被抽取送至机组换热，形成同一眼管井中井水循环利用。

(2)同井抽灌方式适合于地下含水层厚度大，渗透性好，水力坡度大，径流速度快的地区。

(3)同井抽灌方式的优点是节省了地下水源系统的管井数量，减少了一部分水源井的初投资。

(4)同井抽灌方式的缺点是，在运行过程中，一部分回水和一部分出水发生短路现象，两者混合形成自循环，对水井出水温度影响很大。冬季供暖运行时，井水出水温度逐渐降低，夏季制冷运行时，井水出水温度逐渐升高。

2. 异井抽灌方式

(1)异井抽灌方式是指从某一眼管井含水层中抽取地下水，送至机组换热后，由回水管送至另一眼管井回灌到含水层中，从而形成局部地区抽灌井之间含水层中地下水与土壤热交换的循环利用系统。

(2)异井抽灌方式适合的水文地质条件比同井抽灌方式的范围宽。

(3)异井抽灌方式的优点是回灌量大于同井回灌。抽灌井之间有一定距离，回水温度对供水温度没有影响，不会导致机组运行效率下降，因而运行费用比同井抽灌方式低。冬季和夏季不同季节运行时，抽灌井可以切换使用。

(4)异井抽灌方式的缺点是增加了地下水源系统的管井数量，增加了水源井的初投资。

(四)产生回灌不畅的原因

无论采用同井或异井哪种回灌方式，由于目前很多地区采用的回灌方式均为自流回灌，因此往往会产生回灌不畅的问题，以下对产生回灌不畅的原因进行分析。

由于地下水具有一定的压力、受透水层阻力影响，抽取容易，回灌慢。地下水含矿物质、微生物，在抽取回灌过程，由于管井并非采用密闭加压回灌方式，水在从地下抽取过程中，含氧量也发生了变化，经物理反应，产生含气泡发黏的胶状物，由井内向地层渗透时黏结堵塞滤水管间隙，透水率降低，就出现回灌不下去的现象。其原因主要是回灌井结构及成井工艺问题：抽水时地下水从地下含水层经砾料、滤水管进入井内被抽出。滤料、滤水管起到很好的过滤作用。而回灌时水从井管内经滤水管、砾料向地层渗透，如果回灌井还按照抽水井结构及成井工艺，回灌井中胶状发黏物被过滤黏结，堵塞了透水间隙。所以，原来普遍使用的给水井抽水井结构，不适应作为回灌井。另外，片面强调水井抽取量，而过量开采，动水位(降深值)增大，粉细砂抽入井内或堆积水井周围抽取的水中含砂量超标，影响降低透水率，所以在第四系地层取水，必须按照当地水文地质条件。水位降深值(动水位)不超过 15m，含砂量少于 1/20 万，否则会影响水井使用寿命，出水量逐年降低，严重者造成地面下沉，附近建筑物受到影响。

（五）避免回灌不畅的方式

1. 钻井设备的选择

成井钻孔主要有两类。

（1）冲击钻成井。工艺简单，成本费用少，只在卵石较大地区适用，但是出水量，透水率受影响。

（2）回转钻钻井。成本费用高，适合在颗粒较小地层钻进，在大颗粒的卵石层钻进慢，成井质量好，只要严格按照完善的成井工艺要求，出水量透水率，水位降深值明显优于冲击钻成井。

2. 采用合理的管井结构

（1）抽水井。采用双层管结构，内井管用于抽水，外井管有透水井笼。工作原理是：由于地下水位的降低，上部原含水层已基本疏干，地层结构松散，具有很好的透水性。由内外管之间回灌，经透水管笼向地层渗透，为了保证抽水温度，回灌水不允许回到内井管，必须有止回水料。特制的回灌井笼具有强度高，抗挤压不变形，透水性强、阻力小等特点，回灌水中的发黏胶状物不黏结堵塞，能顺利通过回到地下。用此结构的水井还能起到一定辅助回灌量。

（2）回灌井。采用特制的回灌管笼，笼式结构与传统给水管井透水结构相比，由于其透水率高，阻力小，回灌渗透快，回灌水中的发黏胶状物堵塞不了透水间隙，达到回灌迅速畅通。

3. 回扬

为预防和处理管井堵塞还应采用回扬的方法，所谓回扬即在回灌井中开泵抽排水中堵塞物。每口回灌井回扬次数和回扬持续时间主要由含水层颗粒大小和渗透性而定。在岩溶裂隙含水层进行管井回灌，长期不回扬，回灌能力仍能维持；在松散粗大颗粒含水层进行管井回灌，回扬时间约一周 1~2 次；在中、细颗粒含水层里进行管井回灌，回扬间隔时间应进一步缩短，每天应 1~2 次。在回灌过程中，掌握适当回扬次数和时间，才能获得好的回灌效果，如果怕回扬多占时间，少回扬甚至不回扬，结果管井和含水层受堵，反而得不偿失。回扬持续时间以浑水出完，见到清水为止。对细颗粒含水层来说，回扬尤为重要。实验证实，在几次回灌之间进行回扬与连续回灌不进行回扬相比，前者能恢复回灌水位，保证回灌井正常工作。

4. 井室密闭

采用合理的井室装置，对井口装置进行密闭，可以减少水源水含氧量增加的概率，最大限度地保障回灌效果。

第五节 污水资源化利用工程

一、污水资源化的内涵和意义

我国是发展中国家，虽然地域辽阔，资源总量大，但人口众多，人均资源相对较少，尤其是水资源短缺，且污染严重。随着工农业生产迅速发展，人口急剧增加，产生大量生产生活废水，既污染环境，又浪费资源，对工农业生产和人民群众的日常生活产生不利影响，使本来就短缺的水资源雪上加霜。我国属世界最贫水国家之一，人均水资源只有世界人均占有量的 1/4，全国有近 80% 城市缺水，每年因缺水而造成的经济损失达 1200 亿元。水资源短缺已成为我国经济发展的限制因素，因此实现污水资源化利用，以缓解水资源供需矛盾，促进我国经济的可持续发展显得十分重要。

污水资源化是指将工业废水、生活污水、雨水等被污染的水体通过各种方式进行处理、净化，使其水质达到定标准，能满足一定的使用目的，从而可作为一种新的水资源重新被利用的过程。污水资源化的核心是“科学开源、节流优先、治污为本”。对城市污水进行再生利用，是节约及合理利用水资源的重要且有效途径，也是防止水环境污染及促进人类可持续发展的一个重要方面，它是水资源良性社会循环的重要保障措施，代表着当今的发展潮流，对保障城市安全供水具有重要的战略意义。

二、污水资源化的实施可行性

随着地球生态环境的日益恶化和人口的快速增长，世界范围内水资源的短缺和破坏状况日益严重。由于污水再生回用不仅治理了污水，同时可以缓解部分缺水状况，因此目前许多国家和地区都积极地开展污水资源化技术的研究与推广，尤其是在水资源日益匮乏的今天，污水再生回用技术已经引起了人们的高度重视。

（一）污水回用技术成熟

污水回用已有比较成熟的技术，而且新的技术仍在不断出现。从理论上说，污水通过不同的工艺技术加以处理，可以满足任何需要。目前国内外有大量的工程实例，将污水再生回用于工业、农业、市政杂用、景观和生活杂用等，甚至有的国家或地区采用城市污水作为对水质有更高要求的水源水。例如，南非的温德霍克市和美国丹佛市已将处理后的污水用作生活饮用水源，将合格的再生水与水库水混合后，经过净水处理送入城市自来水管网，供居民饮用，运行数十年没有出现任何危害人体健康的问题。

（二）水源充足

城市污水厂的建设为污水再生回用提供了充足的源水，而且，污水处理能力还在不停增强，为城市污水再生回用创造了良好的条件，可以保证再生水用量及水质的需求。

（三）公众心理接受程度日趋提高

由国内外的抽样调查来看，人们对于将净化污水作为不与人体直接接触的各种杂用水普遍持赞成态度。人们的承受力与文化层次、对水质的了解、工作性质等有一定的关系。随着我国水处理技术的发展和舆论的正确宣传和引导，人们对污水回用的接受率将越来越高。

三、污水资源化的原则

（一）可持续发展原则

污水资源化利用既要考虑远近期经济、社会和生态环境持续协调发展，又要考虑区域之间的协调发展；既要追求提高再生水资源总体配置效率最优化，又要注意根据不同用途、不同水质进行合理配置，公平分配；既要注重再生水资源和自然水资源的综合利用形式，又要兼顾水资源的保护和治理。

（二）综合效益最优化原则

再生水资源与其他形式水资源的合理配置，应按照“优水优用，劣水劣用”的原则，科学地安排城市各类水源的供水次序和用户用水次序，最终实现再生水资源的优化配置，使水资源危机的解决与经济增长目标的冲突降至最低，从而取得经济增长和水资源保护的双赢。

（三）就近回用原则

再生水回用采取就近原则，根据污水处理厂的地理位置、周边地区的自然社会经济条件，选择工业企业、小区居民、市政杂用和生态环境用水等方式，这样可以减轻对长距离输送管网的依赖和由此产生的矛盾。

（四）先易后难、集中与分散相结合原则

优先发展对配套设施要求不高的工业企业冷却洗涤用水回用，优先发展生态修复工程。一方面鼓励进行大规模污水处理和再生，另一方面鼓励企业和新建小区，采用分散处理的方法进行分散化的污水回用，积极推进再生水资源在社会生活各方面的使用。

（五）确保安全原则

以人为本，彻底消除再生水利用工程的卫生安全隐患，保障广大市民的身体健康。再生水作为市政杂用水利用，必须进行有效的杀菌处理；再生水回灌城市景观河道，除满足相关水质标准的要求外，还要考虑设置生态缓冲段，利用生态修复和自然净化提高再生水的水质，改善回灌河道的水环境质量。

四、污水回用的发展趋势

目前，由于水资源严重不足、水质不断恶化，许多国家都面临着水资源短缺的危机。随着世界人口的增加、城市化进程的加剧，人均水资源占有量将逐年减少，同时，水环境污染也加重了水资源短缺的形势。污水再生回用已经成为解决水资源短缺、维持健康水环境的重要途径。

值得庆幸的是，我国政府已将水资源可持续利用作为经济社会发展的战略问题，城市污水回用作为提高水资源有效利用率、有效控制水体污染的主要途径，已越来越受到包括政府在内社会各界的高度重视，并针对这一问题开始了具体行动。

我国已把污水回用列入了国家科技攻关计划，近年来，国家对城市污水资源化组织科技攻关，就污水回用的再生技术、回用水水质指标、技术经济政策等进行大量实验研究和推广普及，并取得了丰硕成果。诸多新型水处理药剂的开发及各种水处理工艺的推广与应用，使各工业行业废水的回用有了更广阔的前景。与此同时，我国还兴建了若干示范工程，我国第一个污水回用工程已在大连运行数年，成功地向周围工厂供工业用水，解决了这些工厂的用水问题，污水处理厂本身也得到收益。此外，北京、天津、青岛、太原等地污水回用工程也相继投入运行。随着我国城市化进程的推进，我国城市污水资源化会在全国各地更加蓬勃发展；随着水处理技术的发展和进步，高效率低能耗的污水深度处理技术的产生和推广，再生水处理的费用的降低，再生水水质可以满足更多更广的再生水用户需要，污水再生回用的回用范围将日益扩大。

参考文献

[1]陈进．水·环境与人[M]．武汉：长江出版社，2017.

[2]邓良平，胡蝶．农村水环境生态治理模式研究[M]．郑州：黄河水利出版社，2017.

[3]黄河，柳长顺，刘卓．水生态补偿机制案例与启示[M]．北京：中国环境科学出版社，2017.

[4]谈勇，万榆，邱丘．黑臭水体治理和水环境修复[M]．北京：中国水利水电出版社，2017.

[5]董济军，段登远．浮动草床与微生态制剂调控养殖池塘水环境新技术[M]．北京：海洋出版社，2017.

[6]安艳玲．赤水河流域水环境保护与流域管理研究[M]．北京：中国环境科学出版社，2017.

[7]路瑞，马乐宽，杨文杰，等．铜陵市水环境系统解析与综合管控体系研究[M]．北京：中国环境科学出版社，2017.

[8]曾祥、姜治兵、李静．现代长江水资源与水生态[M]．武汉：湖北科学技术出版社，2017.

[9]汪义杰，蔡尚途，李丽，等．流域水生态文明建设理论、方法及实践[M]．北京：中国环境出版集团，2018.

[10]赵阳国，郭书海，郎印海，等．辽河口湿地水生态修复技术与实践[M]．北京：海洋出版社，2018.

[11]伍跃辉．基于水生态功能分区的流域水环境监测体系构建与应用[M]．北京：中国环境出版集团，2018.

[12]陈凯麟，江春波．地表水环境影响评价数值模拟方法及应用[M]．北京：中国环境科学出版社，2018.

[13]张倩，李孟．普通高等院校环境科学与工程类系列规划教材水环境化学[M]．北京：

中国建材工业出版社，2018.
[14]董延军. 城市水生态文明建设模式探索与实践[M]. 北京：中国环境出版集团,2018.
[15]蒲晓，董国涛. 水环境模型与应用[M]. 郑州：黄河水利出版社，2019.
[16]王小红. 鄱阳湖流域城镇化与水环境[M]. 南昌：江西科学技术出版社，2019.
[17]袁国富. 陆地生态系统水环境观测指标与规范[M]. 北京：中国环境出版集团，2019.
[18]陈婷. 太湖流域水环境治理[M]. 北京：中国环境出版集团，2019.
[19]谢彪，徐桂珍，潘乐，等. 水生态文明建设导论[M]. 北京：中国水利水电出版社，2019.
[20]刘聚涛，温春云，胡芳，等. 江西省水生态文明建设评价方法及应用[M]. 北京：中国水利水电出版社，2019.
[21]廖先容，付震，王学欢. 水生态修复技术与施工关键技术[M]. 长春：吉林科学技术出版社，2019.
[22]吴文晖，罗岳平，石慧华. 洞庭湖流域水生态环境变化趋势及生态安全评估[M]. 湘潭：湘潭大学出版社，2019.
[23]许秋瑾，胡小贞. 水污染治理、水环境管理和饮用水安全保障技术评估与集成[M]. 北京：中国环境出版集团，2019.
[24]康德奎，王磊. 内陆河流域水资源与水环境管理研究[M]. 郑州：黄河水利出版社，2020.
[25]陈超. 现代城市水生态文化研究[M]. 北京：中国水利水电出版社，2020.
[26]张宝军，黄华圣. 水环境监测与治理职业技能设计[M]. 北京：中国环境出版集团，2020.
[27]于开红. 海绵城市建设与水环境治理研究[M]. 成都：四川大学出版社，2020.
[28]陈成豪，王旭涛，程文，等. 海南省南渡江流域水生态健康评估[M]. 北京：中国水利水电出版社，2020.
[29]王志芸，黄立成，王玮璐. 杞麓湖水环境特征调查与水生态风险研究[M]. 昆明：云南科学技术出版社，2020.
[30]李龙兵，王旭涛，林尤文，等. 海南省万泉河流域水生态健康评估[M]. 北京：中国水利水电出版社，2020.
[31]李怀恩. 中国水环境安全[M]. 武汉：湖北科学技术出版社，2021.
[32]聂菊芬，文命初，李建辉. 水环境治理与生态保护[M]. 长春：吉林人民出版

社，2021.

[33]熊文．农村水生态建设与保护[M]．武汉：长江出版社，2021.

[34]闫学全，田恒，谷豆豆．生态环境优化和水环境工程[M]．汕头：汕头大学出版社，2021.

[35]李碧清，唐瑶，肖先念，等．城市水环境恢复的实践探索[M]．广州：华南理工大学出版社，2021.

[36]曾维华．水环境承载力理论方法与实践[M]．北京：中国环境出版集团，2021.

[37]徐琳瑜，杨志峰，章北平，等．城市水生态安全保障[M]．北京：中国环境出版集团，2021.